"十四五"职业教育国家规划教材

PLC 控制技术

主　编　许志刚
副主编　殷宝荣　高　煜　梁易华　杨晓骋

U0233989

北京理工大学出版社
BEIJING INSTITUTE OF TECHNOLOGY PRESS

图书在版编目（CIP）数据

PLC 控制技术／许志刚主编 . —北京：北京理工大学出版社，2019. 12（2024. 7 重印）
ISBN 978 - 7 - 5682 - 8024 - 2

Ⅰ. ①P…　Ⅱ. ①许…　Ⅲ. ①PLC 技术 – 高等学校 – 教材　Ⅳ. ①TM571. 61

中国版本图书馆 CIP 数据核字（2020）第 001554 号

出版发行／北京理工大学出版社有限责任公司
社　　址／北京市海淀区中关村南大街 5 号
邮　　编／100081
电　　话／（010）68914775（总编室）
　　　　　　（010）82562903（教材售后服务热线）
　　　　　　（010）68944723（其他图书服务热线）
网　　址／http：//www. bitpress. com. cn
经　　销／全国各地新华书店
印　　刷／涿州市新华印刷有限公司
开　　本／787 毫米×1092 毫米　1/16
印　　张／13. 25　　　　　　　　　　　　　　　　责任编辑／多海鹏
字　　数／282 千字　　　　　　　　　　　　　　　文案编辑／多海鹏
版　　次／2019 年 12 月第 1 版　2024 年 7 月第 4 次印刷　责任校对／周瑞红
定　　价／36. 00 元　　　　　　　　　　　　　　　责任印制／李志强

前　　言

　　本教材是专业性很强的技能应用型教材，教材应用与教学，教学的首要任务即是立德树人。在教材编写过程中，将团结协作等企业元素融入教材的同时，更是将社会主义核心价值观、青年强则国强等理念藏于书中。学习专业知识，提升操作技能将是身处新时代的高技能人才，奋斗在新征程中的首要任务。

　　国家在进步，科技在发展。我国新型工业化、信息化、智能化的发展趋势，指引着我们需要不断学习新知识新技术。而可编程逻辑控制器（Programmable Logic Controller，PLC）作为一种应用于工业自动化领域的自动控制装置，其技术是从事工业自动化、机电一体化、智能控制技术人员应掌握的实用技术之一。西门子公司的 PLC 产品得到了用户与市场的广泛认可，其中小型化的西门子 S7 - 200 系列 PLC 控制器特别适于初学者，也是学习后续新型号如 S7 - 1200 等 PLC 的基础。

　　本教材贯彻落实党的二十大精神，为了提升广大工程技术人员的技术水平，以及更为适用于电气类、机电一体化专业等高级技能人才的实际培训与教学，本书采用项目引领的编写思路，从项目需求出发，在特定的工作学习场景中明确项目所要达到的目的，进而提出完成项目的方案设计流程，让使用者在项目实施过程中学习所用到的相关知识与技能。

　　本书立足于 PLC 的教学，兼顾了 PLC 基本理论的介绍与工业的实际应用，从而使学生能从 PLC 零起点学习本书，实现掌握 PLC 原理的目标。因此，本书也可作为电气控制类专业学生学习 PLC 原理的参考书。

　　本书贯穿了两条主线，一是介绍 PLC 的基本原理，二是用工业应用实例项目的实现来引领基本原理的应用。这两条主线在叙述时既分又合，融汇在所选用的四个项目与相应的训练任务当中，改变了注重理论教学或将理论教学与实际产品设计相分隔的呆板教学法，也改变了过于注重实际产品制作的介绍而忽略教学规律和理论知识讲解的教学方法，将理论知识的学习和实际技能操作进行全过程整合，边学边做，边做边学，学有所得，学有所乐，使枯燥的内容趣味化，实现技能与理论知识水平的同步提高。在使用本教材时，可以以其中一条主线为教学目标，也可以合二为一，在学完 PLC 技术的同时，也掌握了其在工业领域中的应用方法与步骤。

　　为了适合不同层次读者的需要，本书语言简练、通俗易懂，内容由浅入深，注重理论和实际应用相结合，并尽量做到难易结合。从事本课程教学的教师可以将书中有关实例经过改编后应用在各个教学环节中。

　　本书在编写过程中参考了有关资料，在此对参考文献的作者表示衷心的感谢。

　　由于作者水平和时间所限，本书疏漏和不当之处在所难免，敬请读者批评、指正。

编　者

目 录

项目一
改造自动往返小车控制电路

【项目描述】

为提高生产车间物流自动化水平，实现生产环节间的运输自动化，使厂房内的物料搬运全自动化，现在许多企业在生产车间广泛使用无人小车在车间工作台或生产线之间进行自动往返装料运料。传统的运料小车大多是继电器控制系统，而继电器控制系统具有接线繁多、故障率高且维修不易等缺点，目前已被 PLC 控制系统广泛替代。PLC 控制系统能实现较复杂的控制功能且接线简单、可靠性高，PLC 控制系统代替继电器控制系统已经是大势所趋。

PLC 控制系统通过程序编写的方式实现控制要求，能实现继电器控制系统不能实现的控制功能，且接线简单、可靠性高，控制任务改变时不需要改变线路，可利用软件编程的方式对控制系统进行改进，充分体现 PLC 的"柔性"控制。

用 PLC 控制系统代替继电器控制系统后，可有效降低电气故障的发生率，提高受控对象工作的可靠性。本项目具体介绍用西门子 S7-200 系列 PLC 改造的自动往返小车继电器控制电路。

【项目应用场景】

参照企业真实案例，某公司车间内有一台三相交流异步电动机驱动的自动往返小车，在 A、B 两点间来回移动，如图 1-0-1 所示，采用继电器控制电路控制，其控制电路如图 1-0-2 所示。由于工厂提升改造需要，将该控制电路改成 PLC 控制。

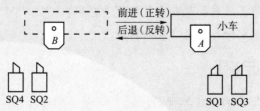

图 1-0-1　自动往返小车运行示意

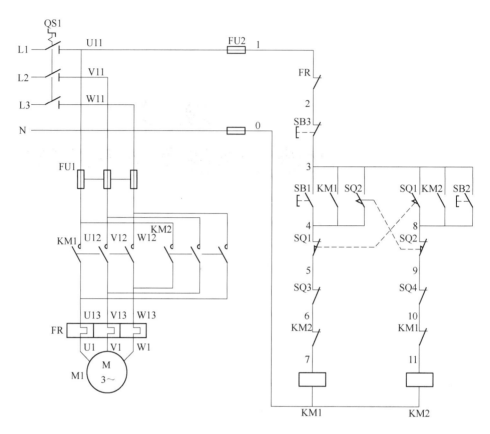

图 1 - 0 - 2　继电器控制电路

【项目分析】

　　用 PLC 对继电器控制电路进行改造主要分为电路接线改造和控制程序编写、调试两部分，电路接线改造主要是对原继电器控制电路的工作原理进行分析，确定 PLC 控制的输入/输出点，绘制新的接线图，并按照接线图完成接线；控制程序编写、调试主要是利用 PLC 编程软件，根据控制要求编写控制程序，并完成程序的下载及联合调试等。

　　根据上述改造方法，本项目将分为安装自动往返小车控制电路和调试自动往返小车控制电路两个任务，并从这两个任务介绍运用西门子 S7 - 200 系列 PLC 对自动往返小车继电器控制电路进行的改造。

【素养目标】

1. 能够以任务为引导，进行知识的查询收集与分析；
2. 能够融入团队，顺利进行沟通交流与协助。

plc 指令

【相关知识和技能目标】

1. 了解 PLC 的基本组成与工作原理。
2. 了解西门子 S7 - 200 系列 PLC 的构造、工作原理、功能特点和技术参数。

3. 了解西门子 S7 – 200 系列 PLC 软件、硬件的安装使用。

4. 了解 PLC 编程语言的种类。

5. 掌握电气控制线路图的读图、分析和绘图方法。

6. 掌握 PLC 电气控制系统的设计过程及方法。

7. 熟悉 STEP 7 – Micro/WIN V4.0 的基本操作界面及各项工具栏的功能。

8. 熟悉小车自动往返控制电路的工作原理和运行过程。

9. 掌握使用 STEP 7 – Micro/WIN V4.0 编程软件进行程序编写、下载、调试和监控。

任务 1　安装自动往返小车控制电路

任务目标

1. 能够结合任务，独自收集整理相关知识；
2. 了解 PLC 的硬件组成、工作原理及外围电路的连接；
3. 了解西门子 S7 - 200 系列 PLC 的构造、功能特点和技术参数；
4. 掌握电气控制线路图的分析方法，并能根据控制要求选择合适的 PLC；
5. 能够绘制 PLC 外围设备接线图；
6. 能根据接线图完成电路安装连接。

任务分析

在企业生产过程中，需要完成自动往返小车控制电路安装任务，首先需要对 PLC 的基础知识有一定的了解，掌握 PLC 的工作原理、组成结构及运行方式等，其次需要了解某一型号 PLC 的相关知识，掌握其内部资源及接线端子的情况，明确电路连接方法，最后根据继电器控制电路的要求，确定输入/输出点数并合理分配至 PLC 的输入/输出地址，绘制出接线图，按照接线图完成 PLC 控制系统的电路安装。

任务咨询

一、PLC 基础知识

早期的可编程控制器只能进行计数、定时以及对开关量的逻辑控制，它被称作可编程逻辑控制器（Programmable Logic Controller），简称 PLC。后来，可编程逻辑控制器采用微处理器作为其控制核心，它的功能已经远远超过逻辑控制的范畴，于是人们又将其称为可编程控制器，即 Programmable Controller，缩写为 PC。但个人计算机（Personal Computer）也缩写为 PC，为了避免两者混淆，可编程控制器仍习惯缩写为 PLC。

1. PLC 概述

1）PLC 的定义

1987 年，国际电工委员会（IEC）对可编程控制器作如下

plc 概述　　**基本指令应用**

定义：可编程控制器是一种数字运算操作的电子系统，专为工业环境下应用而设计。它采用可编程序的存储器，用来在其内部存储执行逻辑运算、顺序控制、定时、计数和算术运算等操作的指令，并通过数字式、模拟式的输入和输出，控制各种类型的机械或生产过程；其有关的外围设备，都应按易于与工业控制系统连成一个整体、易于扩充其功能的原则设计。

现在，PLC 不仅能进行逻辑控制，在模拟量的闭环控制、数字量的智能控制、数据采集、监控、通信联网及集散控制等方面都得到了广泛的应用。如今 PLC 都配有 A/D、D/A 转换及算术运算功能，有的还具有 PID（比例 - 积分 - 微分）功能。这些功能使 PLC 应用于模拟量的闭环控制、运动控制、速度控制等具有了硬件基础。PLC 具有输出和接收高速脉冲的功能，配合相应的传感器及伺服装置，可以实现数字量的智能控制；PLC 配合可编程终端设备（如触摸屏），可以实时显示采集到的现场数据及分析结果，为分析、研究系统提供依据；利用 PLC 的自检信号可实现系统监控；PLC 具有较强的通信功能，可与计算机或其他智能装置进行通信和联网，从而能方便地实现集散控制。功能完备的 PLC 不仅能满足控制的要求，还能满足现代化大生产管理的需要。

2）PLC 的分类

PLC 发展到今天，已经有多种类型，而且功能也不尽相同，分类时一般按照以下原则来考虑。

触摸屏

（1）按 PLC 的 I/O 点数的多少可以将 PLC 分为小型 PLC、中型 PLC 和大型 PLC 三类。

①小型 PLC（含微型 PLC）。小型 PLC 一般以处理开关量逻辑控制为主，其 I/O 点数一般在 128 点以下，外观如图 1 - 1 - 1（a）所示。现在的小型 PLC 还具有较强的通信能力和一定量的模拟量处理能力。这类 PLC 的特点是价格低廉、体积小巧，适用于控制单机设备和开发机电一体化产品。

②中型 PLC。中型 PLC 的 I/O 点数在 128 ~ 2 048 点之间，具有极强的开关量逻辑控制功能、通信联网功能和模拟量处理功能，指令比小型 PLC 更为丰富，外观如图 1 - 1 - 1（b）所示。中型 PLC 适用于复杂的逻辑控制系统以及连续生产线的过程控制场合。

③大型 PLC。大型 PLC 的 I/O 点数在 2 048 点以上，性能与工业控制计算机相当，不仅具有计算、控制和调节功能，还具有强大的网络结构和通信联网能力，有些大型 PLC 还具有冗余能力，外观如图 1 - 1 - 1（c）所示。大型 PLC 的监视系统能够表示过程的动态流程，记录各种曲线、PID 调节参数等，并配有多种智能板，构成多功能的控制系统。这种系统还可以和其他型号的控制器互联及和上位机相连，组成一个集中分散的生产过程和产品质量监控系统。大型 PLC 适用于设备自动化控制、过程自动化控制和过程监控系统。

以上划分没有十分严格的界限，随着 PLC 技术的飞速发展，某些小型 PLC 也具有中型或大型 PLC 的功能，这也是 PLC 的发展趋势。

（2）按结构形式的不同，PLC 主要可以分为整体式结构 PLC 和模块式结构 PLC 两类。

①整体式结构 PLC。整体式结构 PLC 如图 1 - 1 - 1（a）所示，其特点是将 PLC 的基本部件，如 CPU 板、输入/输出接口、电源板等紧凑地安装在一个标准机壳内，构成一个整体，组成 PLC 的一个基本单元。基本单元上设有扩展端口，用于与扩展模块相连，丰富控制功能。一般小型 PLC 都采用这种结构。这种结构的 PLC 具有结构紧凑、体积小、质量轻、价格低的优点，易于装置在工业设备的内部，通常适合于单机控制。

②模块式结构PLC。模块式结构PLC如图1-1-1（b）和图1-1-1（c）所示，由一些标准模块单元构成，这些标准模块有CPU模块、输入/输出模块、电源模块和各种功能模块等，各模块功能是独立的，外形尺寸是统一的，可以根据需要灵活配置，使用时可以像搭积木一样将这些模块插在框架或基板上。这种结构的PLC配置灵活，装配和维修方便，功能易于扩展。其缺点是结构较复杂，造价也较高。

(a)   (b)

(c)

图1-1-1　PLC外观
(a) 小型PLC；(b) 中型PLC；(c) 大型PLC

 小知识

PLC产生的原因

20世纪60年代初，美国的汽车制造业竞争激烈，产品更新换代的周期越来越短，其生产线必须随之频繁地变更。传统的继电器控制对频繁变动的生产线很不适应。人们对控制装置提出了更高的要求，即经济、可靠、通用、易变和易修。

1968年，美国最大的汽车制造厂家通用汽车公司（GM）提出用一种新型控制装置替代继电器控制，并对新的汽车流水线控制系统提出了具体要求，归纳起来是：

（1）编程简单，可在现场修改程序；

（2）维护方便，最好是插件式；

（3）可靠性高于继电器控制柜；

（4）体积小于继电器控制柜；

（5）可将数据直接送入管理计算机；

（6）在成本上可与继电器控制柜竞争；

（7）输入可以是交流 115 V；

（8）输出为交流 115 V，2 A 以上，能直接驱动电磁阀等；

（9）在扩展时，原系统只需很小的变更；

（10）用户程序存储器容量至少能扩展到 4 KB。

以上就是著名的"GM 十条"。这种控制装置要把计算机的通用、灵活、功能完备等优点与继电器控制的简单、易懂、操作方便、价格便宜等特点结合起来，而且要使那些不是很熟悉计算机的人也能方便地使用。根据这种设想，1969 年美国数字设备公司（DEC）研制出了世界上第一台 PLC，并在美国 GM 公司的汽车自动装配生产线上试用获得成功。因此可以说，首台 PLC 主要是为了克服继电器控制电路的不足，把计算机技术应用于电气控制系统而产生的。

3）PLC 的特点

由于控制对象的复杂性、使用环境的特殊性和运行工作的连续长期性，使得 PLC 在设计和结构上具有许多其他控制器所无法相比的特点。

（1）可靠性高、抗干扰能力强。继电器控制系统中，器件老化、脱焊、触点的抖动，以及触点电弧造成熔焊等现象是不可避免的，大大降低了系统的可靠性。而在 PLC 控制系统中，大量的开关动作是由无触点的半导体电路来完成的，加之 PLC 在硬件和软件方面都采取了强有力的措施，使产品具有极高的可靠性，故 PLC 可直接安装在工业现场而稳定地工作。

（2）灵活性和通用性强。在 PLC 控制系统中，当控制功能改变时只需修改程序即可，PLC 外围电路改动极少，甚至可不必改动。这是继电器控制电路所无法比拟的。

（3）编程语言简单易学。对 PLC 的使用者来说，他们不必精通计算机方面复杂的硬件和软件知识。大多数 PLC 采用类似继电器控制电路的"梯形图"语言编程，清晰直观，简单易学。

（4）与外围设备的连接简单、使用方便。用微机（微型计算机）控制时，要在输入/输出接口电路上做大量工作，才能使微机与控制现场的设备连接起来，调试也比较烦琐。而 PLC 的输入/输出接口已经做好，其输入接口可以直接与各种输入设备（如按钮、各种传感器等）连接，输出接口具有较强的驱动能力，可以直接与继电器、接触器、电磁阀等器件连接，接线简单，使用方便。

（5）功能强大、成本低。PLC 控制系统可大可小，能轻松完成单机控制系统、批量控制系统、制造业自动化中的复杂逻辑顺序控制、流程工业中大量的模拟量控制，以及组成通信网络、进行数据处理和管理任务。在如今的智能制造控制系统中，PLC 也发挥着重要作用。

由于 PLC 是专为工业应用而设计的，所以其控制系统中的 I/O 系统、HMI 等可以直接和现场信号连接、使用。系统也不需要进行专门的抗干扰设计，因此和其他控制系统（如

DCS、IPC 等）相比，其成本较低。

（6）设计、施工、调试周期短。PLC 的软硬件产品齐全，设计控制系统时仅需按性能、容量等选用组装，大量具体的程序编制工作也可在 PLC 到货前进行，因而缩短了设计周期，使设计和施工可同时进行。由于用软件编程取代了硬件接线实现控制功能，大大减轻了繁重的安装接线工作，缩短了施工周期。

（7）维护方便。PLC 的输入/输出接口能够直观地反映现场信号的变化状态，通过编程工具（装有编程软件的电脑等）可以直观地观察控制程序和控制系统的运行状态，如内部工作状态、通信状态、I/O 点状态、异常状态和电源状态等，极大地方便了维护人员查找故障，缩短了对系统的维护时间。

2. PLC 的硬件组成

PLC 专为工业现场应用而设计，是一种特殊的计算机，它的组成与计算机相似，具有典型计算机的结构，主要由 CPU、电源、存储器和专门设计的输入/输出接口电路等组成。整体式结构的 PLC 组成如图 1 – 1 – 2 所示。

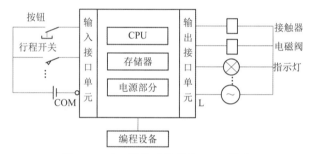

图 1 – 1 – 2　整体式结构的 PLC 组成

1）中央处理单元（CPU）

PLC 的 CPU 模块主要由控制器、运算器和寄存器组成，它是 PLC 的核心部件，通过数据总线、地址总线和控制总线与存储单元、输入/输出接口电路等相连接。CPU 的主要功能是：诊断内部电路工作状态及编程中的语法错误；用于控制所有其他部件采集并存储输入信号和输入的用户程序数据；按用户程序存储器中存放的先后顺序从存储器中读取指令，进行编译后，存入 CPU 模块内的指令寄存器中；按规定的任务完成各种运算和操作程序；刷新PLC 的输出；响应各种外围设备。

2）存储器

PLC 的存储器主要用于存放系统程序、用户程序和数据，一般有系统程序存储器和用户存储器两部分。系统程序存储器用来存放 PLC 生产厂家编写的系统程序，用户不能更改；用户存储器用来存放用户针对具体控制任务，用规定的 PLC 编程语言编写的控制程序和数据。

常用的存储器类型有 RAM、ROM 和 EEPROM 三种。

3）输入/输出接口电路

输入（Input）和输出（Output）接口电路简称 I/O 模块，PLC 通过 I/O 模块实现与外围设备的连接，它是 PLC 与工业生产设备或工业生产过程连接的接口，也是联系外部现场和 CPU 模块的重要桥梁。

常用的 I/O 模块有开关量 I/O 模块、模拟量 I/O 模块等。下面介绍 I/O 模块中的开关量输入接口电路和输出接口电路。

①开关量输入接口电路。按照输入端电源类型的不同，开关量输入接口电路可分为直流输入接口电路和交流输入接口电路。

开关量输入接口电路的功能是把外部开关量的状态（例如按钮、拨动开关触点的接通状态或断开状态，晶体管开关的导通状态或截止状态）转换为 PLC 内部存储单元的"1"或"0"状态。为实现这种转换，外部每个开关都要连入一个单独的回路中，这个回路上的元器件主要是：电源、开关、光电耦合器件的输入端，还有限流、滤波器件等。电源和开关在 PLC 外部，其他元器件在 PLC 内部。

内外电路通过输入端子排连接，外部电源和开关串联，开关的另一端接在输入点的端子上，电源另一端接在 COM 端子上。内部的光电耦合器件的输入端和限流电阻等串联后也连在这两个端子上。光电耦合器件的输出端通过内部电路连接输入状态暂存器。

直流输入接口电路见图 1-1-3，图中只画出一个点的内部接口。直流输入接口电路的外部电源是直流 24 V 电源。

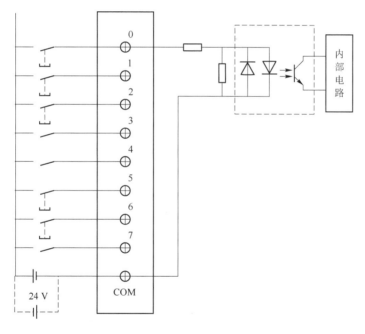

图 1-1-3　直流输入接口电路

有的 PLC 已经把 24 V 电源预先串接在 PLC 的内部接口电路线上，在外部看不见电源，外部接线时只需要把开关或按钮直接接在输入点和 COM 端子上就可以了。

交流输入接口电路的外部电源是交流电源，电压为 110 V 或 220 V（50 Hz 或 60 Hz）。交流输入接口电路的外部输入开关器件需接交流电源。

②开关量输出接口电路。开关量输出接口电路，按照负载使用电源的情况，可分为直流输出接口电路、交流输出接口电路、交直流输出接口电路；按接口电路内输出开关器件的种类可分为晶体管输出、交流固体继电器输出、继电器输出三种接口电路。

晶体管输出接口电路只能带直流负载，属于直流输出接口电路；交流固体继电器输出接口电路只能带交流负载，属于交流输出接口电路；继电器输出接口电路即可带直流负载，又可带交流负载，属于交直流输出接口电路。

a）继电器（RLY）输出接口电路（交直流输出接口电路）。

继电器输出接口电路指 PLC 中采用小型灵敏继电器作为输出开关元件。外部电源可以是交流电源，也可以是直流电源。继电器输出接口电路如图 1 - 1 - 4 所示。

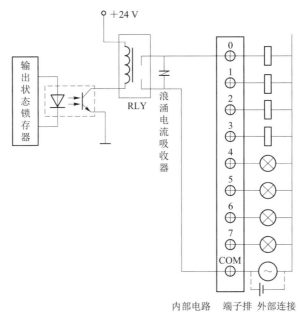

图 1 - 1 - 4　继电器输出接口电路

若"输出继电器"中的信号为"1"，送到输出状态锁存器中的"1"信号经驱动放大后，再经光电耦合元件传到作为输出开关的继电器线圈，使继电器线圈得电，而使继电器的常开触点在电磁力的作用下接通。继电器常开触点接通，也就接通了连接外围设备的电路，使外围设备得电工作。若继电器中的信号为"0"，则继电器线圈不会得电，继电器常开触点不能接通，使外围设备不得电。

继电器输出接口电路抗干扰能力强，负载能力大，可接交流负载和直流负载，适应面广，工作可靠。但是这种输出接口电路的信号响应速度相对较慢，转换频率低；还因为继电器是有触点开关，触点分断时可能产生电弧，给控制器增加干扰。

继电器输出接口电路可带较低速大功率交、直流负载。

b）交流固体继电器输出接口电路（交流输出接口电路）。

固体继电器（SSR）是采用固体半导体元件组装而成的无触点开关。SSR 为四端有源器件，其中两个输入控制端、两个输出端，输出开关元件为双向可控硅或反并联的两个单向可控硅，故交流固体继电器输出接口电路又可称为可控硅输出接口电路，如图 1 - 1 - 5 所示。

当"输出继电器"中的信号为"1"时，输出状态锁存器里的"1"信号经过光电耦合器件后去触发双向可控硅，使可控硅导通，由于是双向可控硅，故既可正向导通，又可反向导通，可通交流电。它导通就使交流负载电路（外围设备）导通，以控制负载完成应做的工作。

可控硅输出接口电路的优点是控制电路简单，没有反向耐压问题，特别适于作交流开

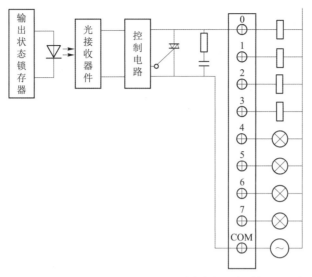

图1-1-5 可控硅输出接口电路

关。它的信号响应速度比继电器输出接口电路快，但比不上晶体管输出接口电路，负载能力也居中。可控硅输出接口电路内部有浪涌电流吸收器，可用来限制可控硅两端的电压幅度。对负载电路，双向可控硅是无触点开关。可控硅输出接口电路可带高速大功率交流负载。

c）晶体管（TR）输出接口电路（直流输出接口电路）。

晶体管输出接口电路采用功率晶体管作为PLC的输出开关元件，外部电源必须是直流电源，如图1-1-6所示。当"输出软元件"中的信号为"1"时，送到输出状态锁存器中的"1"信号经光电耦合器件后使晶体管导通，使接在输出点上的负载（外围设备）得电工作。晶体管输出接口电路，输出响应速度快，但负载能力小，只能做直流输出，可带高速小功率直流负载。

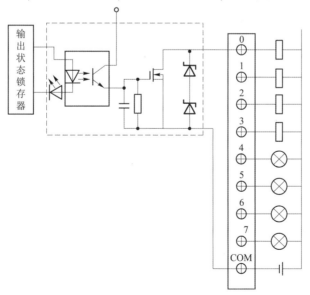

图1-1-6 晶体管输出接口电路

4）电源

PLC 一般使用 220 V 的交流电源或 24 V 直流电源，内部的开关电源为 PLC 的中央处理单元、存储器等电路提供 5 V、±12 V、±24 V 等直流电源，整体式结构的小型 PLC 还提供一定容量的直流 24 V 电源，供外部有源传感器（如接近开关）使用。PLC 所采用的开关电源输入电压范围宽（如 DC 20.4 V～28.8 V 或 AC 85 V～264 V）、体积小、效率高、抗干扰能力强。

电源部件的位置形式可有多种，对于整体式结构 PLC，电源通常封装到机壳内部；对于模块式结构 PLC，则多数采用单独的电源模块。

5）扩展接口

扩展接口用于将扩展单元或功能模块（如模拟量输入输出模块、高速计数器模块等）与基本单元相连接，使 PLC 的配置更加灵活，以满足不同控制系统的需要。

6）通信接口

为了实现信息的交互，PLC 配有一定的通信接口。PLC 通过这些通信接口可以与显示设定单元、触摸屏、打印机等相连，提供方便的人机交互途径；也可以与其他的 PLC、计算机，以及现场总线网络相连，组成多机系统或工业网络控制系统。

7）编程设备

过去的编程设备一般是编程器，其功能仅限于用户程序读写和调试。现在 PLC 生产厂家不再提供编程器，取而代之的是给用户配置在 PC 上运行的基于 Windows 的编程软件。使用编程软件可以在屏幕上直接生成和编辑梯形图、语句表、功能块图和顺序功能图程序，并可以实现不同编程语言的相互转换。程序被编译后下载到 PLC，也可以将 PLC 中的程序上传到计算机。程序可以保存和打印，通过网络，还可以实现远程编程和传送。更方便的是编程软件的实时调试功能非常强大，不仅能监视 PLC 运行过程中的各种参数和程序执行情况，还能进行智能化的故障诊断。

8）其他部件

需要时，PLC 可配有存储器卡、电池卡等。

3. PLC 的工作原理

plc 工作原理

在继电器控制电路中，当继电器、接触器同时满足条件时，这些继电器、接触器会同时得电工作，它是一种并行工作方式。PLC 是采用循环扫描的工作方式，在 PLC 执行用户程序时，CPU 对梯形图自上而下、自左向右地逐次进行扫描，程序的执行是按语句排列的先后顺序进行的。这样 PLC 各线圈状态的变化在时间上是串行的，不会出现多个线圈同时改变状态的情况，这是 PLC 控制与继电器控制最主要的区别。

PLC 上电后首先进行初始化，然后进入循环扫描工作过程，不论用户程序运行与否，都周而复始地进行循环扫描，并执行系统程序规定的任务。每一个循环所经历的时间称为一个扫描周期，每个扫描周期又分为几个工作阶段，每个工作阶段完成不同的任务。整个过程可分为 5 个阶段：内部处理（自诊断），与计算机或编程器等的通信，扫描输入的状态（输入采样阶段），按用户程序进行运算处理（用户程序执行阶段），向输出发出相应的控制信号（输出刷新阶段）。

PLC 对输入/输出的处理原则如下：

（1）输入映像寄存器的数据（状态）取决于输入端子板上各输入点在本扫描周期的输入处理阶段所刷新的状态（0 或 1）；

（2）程序的执行取决于用户程序内容、输入/输出映像寄存器的内容及其他各元件映像寄存器的内容；

（3）输出映像寄存器（包括各元件映像寄存器）的数据（状态）由用户程序中输出指令的执行结果决定；

（4）输出状态锁存器中的数据（状态）由上一个扫描周期的输出处理阶段存入到输出状态锁存器中的数据确定，直到本扫描周期的输出处理阶段，其数据才被刷新；

（5）输出端子上的输出数据（状态）由输出状态锁存器中的数据决定。

二、西门子 S7 - 200 系列 PLC（S7 - 200 PLC）简介

德国西门子（SIEMENS）公司是工业控制领域的国际知名企业，PLC 是该公司的主导产品之一。西门子（SIEMENS）公司的工业控制产品主要包括 S7 系列 PLC、工业网络、HMI 人机界面和工业软件等。

西门子（SIEMENS）公司应用微处理器技术生产的 SIMATIC 可编程控制器主要有 S5 和 S7 两大系列。目前，前期的 S5 系列 PLC 产品已被新研制生产的 S7 系列所替代。S7 系列 PLC 因其结构紧凑、可靠性高、功能全、通信功能强等优点，在自动控制领域占有重要地位。S7 系列 PLC 包括 S7 - 200、S7 - 300、S7 - 400、S7 - 200SMART、S7 - 1200、S7 - 1500 等。

西门子 S7 - 200 系列 PLC 属于小型 PLC，其许多功能达到中、大型 PLC 的水平，适用于各行各业，各种场合中的自动检测、监测及控制等。西门子 S7 - 200 系列 PLC 的强大功能使其无论是单机运行，还是连成网络都能实现复杂的控制功能。

1. 主机结构及性能特点

西门子 S7 - 200 系列 PLC 的硬件主要由主机单元（基本单元）、I/O 扩展单元、编程系统（编程器或计算机编程软件）、功能单元（模块）、外围设备等组成。S7 - 200 系列 PLC 的主机采用整体式结构，主机上有一定数量的输入/输出（I/O）点，一个主机单元就是一个系统，S7 - 200 CN CPU224XP 主机外形如图 1 - 1 - 7 所示。

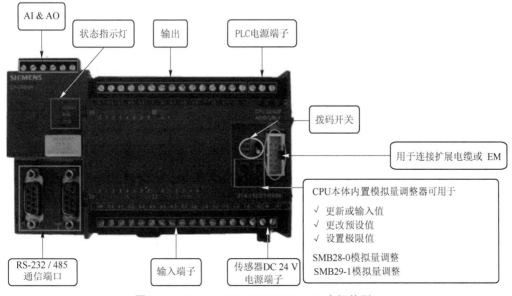

图 1 - 1 - 7　S7 - 200 CN CPU224XP 主机外形

从 PLC 的外部可以看到：状态指示灯、存储器接口、通信端口、输入端子及输入信号指示灯、传感器 DC 24 V 电源端子、RUN/STOP 开关、电位器、扩展 I/O 端口、输出端子及输出信号指示灯、PLC 电源端子。

状态指示灯、输入信号指示灯、输出信号指示灯均使用 LED（Light Emitting Diode）方式指示。状态指示灯显示 CPU 的所处的工作状态。通信端口用于连接 RS – 232/RS – 485 通信电缆，以便 PLC 与其他设备通信。

CPU224XP AC/DC/RLY 直接端子接线示意图如图 1 – 1 – 8 所示。上端的端子盖下有 PLC 的输出端子、PLC 的工作电源 AC 120/220 V（若工作电压为直流，则为 DC 24 V）。输出端子包括驱动负载端子和输出公共端子，上端的端子盖下有 PLC 的输出信号指示灯，下端的端子盖下有输入端子、PLC 向传感器提供的电源（DC 24 V）端子。输入端子包括输入信号端子和输入公共端子，上端的端子盖下有 PLC 的输入信号指示灯，右侧端子盖下有 RUN/STOP 开关、电位器、扩展 I/O 端口，用于转换 PLC 的工作状态、调节模拟量的比例大小、连接 PLC 的扩展单元。

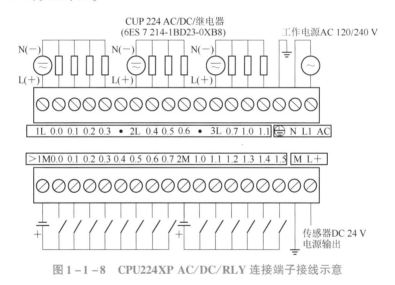

图 1 – 1 – 8　CPU224XP AC/DC/RLY 连接端子接线示意

西门子 S7 – 200 系列 PLC 的主单元 CPU 包括 CPU221、CPU222、CPU224、CPU226 型号，以及相应的升级版本，如 CPU224XP 等，各型号的 PLC 主要性能如表 1 – 1 – 1 所示。

2. 内部资源

PLC 是以微处理器为核心的电子设备。PLC 的指令是针对元器件而言的，使用时可以将它看成是继电器、定时器、计数器等元件的组合体。PLC 的内部设计了供编程使用的各种元器件。PLC 控制与继电器控制的根本区别就在于 PLC 采用的软元件，通过"软连接"——编程，实现各种器件之间的连接。这些器件就是 PLC 的内部资源。

用户使用的 PLC 中的每一个输入/输出、内部存储单元、定时器和计数器等都称作软元件。软元件有其不同的功能，有固定的地址。软元件的数量决定了 PLC 的规模和数据处理能力，每一种 PLC 的软元件数量是有限的。

软元件的最大特点如下：

①软元件是看不见、摸不着的，也不存在物理性的触点；

表1-1-1　各型号的PLC主要性能

型号		S7-221	S7-222 CN	S7-224 CN	S7-224XP CN S7-224XPsi CN	S7-226 CN
外观						
数字号I/O		6DI/4DO	8DI/6DO	14DI/10DO	14DI/10DO	24DI/16DO
中断输入		4	4	4	4	4
内置	HSC输入	4(30 kHz)支持A/B模式	4(30 kHz)支持A/B模式	6(30 kHz)支持A/B模式	2(200 kHz)+4(30 kHz)支持A/B模式	6(30 kHz)支持A/B模式
	脉冲输出	2(20 kHz)	2(20 kHz)	2(20 kHz)	2(100 kHz)	2(20 kHz)
CUP特性/端口 扩展选件		● AC或DC电源 ● 1个模拟设置调整器 ● PID控制器 ● 运行中编辑模式 ● 诊断LED ● 浮点运算	● AC或DC电源 ● 1个模拟设置调整器 ● 利用EM277可扩展为两个串行端口 ● PID控制器 ● 运行中编辑模式 ● 诊断LED ● 浮点运算	● AC或DC电源 ● 可拆卸端子排 ● 利用EM277可扩展为四个串行端口 ● 2个模拟设置调整器 ● PID控制器 ● 实时时钟 ● 运行中编辑模式 ● 诊断LED ● 浮点运算	● AC或DC电源 ● 可拆卸端子排 ● 利用EM277可扩展为四个串行端口 ● 2个模拟设置调整器 ● 自整定PID控制器 ● 实时时钟 ● 运行中编辑模式 ● 诊断LED ● 浮点运算	● AC或DC电源 ● 可拆卸端子排 ● 利用EM277可扩展为四个串行端口 ● 2个模拟设置PID控制器 ● 自整定PID控制器 ● 实时时钟 ● 运行中编辑模式 ● 诊断LED ● 浮点运算
最大数字I/O点		6DI/4DO	48DI/46DO	114DI/110DO	114DI/110DO	128DI/128DO
执行时间(位指令)		0.22 μs				

15

续表

型号	S7 – 221	S7 – 222 CN	S7 – 224 CN	S7 – 224XP CN	S7 – 224XPsi CN	S7 – 226 CN
程序存储器	4 096 B	4 096 B	12 288 B	16 384 B		24 576 B
数据存储器	2 048 B	2 048 B	8 192 B	10 240 B		10 240 B
存储器型块	可用					
模拟量 I/O	n. a.	16AI/8AO 最大 16	32AI/28AO 最大 44	CPU 本体内置 2AI/1AO AI32/AO29 最大 45		32AI/28AO 最大 44
温度测量模块	n. a.	16 位分辨率(15 位 + 1 符号位) T,S,R,E,N,K,J,TC, 100,200,500,1 000 ohm Pt100				
特殊模块	n. a.	互联网和内置 Web 服务器;SIWAREX 称重传感器单元,运动;调制解调器				
网络功能	串行通信:Modbus 主站/从站		串行通信:AS – Interface;Profibus – DP 从站;模拟电路; 以太网/互联网;GPRS;Modbus 主站/从站			
网络主站功能	Modbus RTU 主站			Modbus RTU 主站和 AS – Interface 主站		

②每个软元件可提供无限多个常开触点和常闭触点（和实际继电器的触点功能一样），即它们的触点可以无限次使用；

③体积小、功耗低、寿命长。

编程时，用户只需要记住软元件的地址即可。每一个软元件都有一个地址与之相对应，软元件的地址编排采用区域号加区域内编号的方式，根据 PLC 内部软元件的功能不同，它们被分成了许多区域，如输入继电器、输出继电器、定时器、计数器和特殊继电器等。

1）输入继电器（I）

输入继电器位于 PLC 存储器的输入过程映像寄存器区，其外部有一对物理的输入端子与之对应，该触点用于接收外部的开关信号，比如按钮行程开关、光电开关等传感器的信号都是通过输入继电器的物理端子接入到 PLC 的。若外部的开关信号闭合，则输入继电器（软元件）的线圈得电，在程序中其常开触点闭合、常闭触点断开。这些触点可以在编程时任意使用，使用次数不受限制。

2）输出继电器（Q）

输出继电器位于 PLC 存储器的输出过程映像寄存器区，有一个 PLC 上的物理输出端子与之对应。当通过程序使得输出继电器线圈得电时，PLC 上的输出端开关闭合，可以作为控制外部负载的开关信号。同时，在程序中其常开触点闭合、常闭触点断开。这些内部的触点可以在编程时任意使用，使用次数不受限制。

输入/输出继电器及其与 PLC 内部的关系如图 1-1-9 所示。

3）通用辅助继电器（M）

通用辅助继电器（或中间继电器）位于 PLC 存储器的位存储器区，其作用和继电器接触器控制系统中的中间继电器相同，它在 PLC 中没有外部的输入端子或输出端子与之对应，因此它不能受外部信号的直接控制，其触点也不能直接驱动外部负载。这是它与输入继电器和输出继电器的主要区别。它主要用来在程序设计中处理逻辑控制任务。

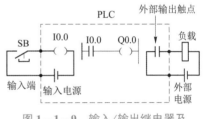

图 1-1-9　输入/输出继电器及其与 PLC 内部的关系

4）特殊继电器（SM）

有些辅助继电器具有特殊功能，或用来存储系统的状态变量、有关的控制参数和信息，故称其为特殊继电器或特殊存储器。用户可以通过特殊标志来建立 PLC 与被控对象之间的关系，如可以读取程序运行过程中的设备状态和运算结果信息，利用这些信息实现某些特殊的控制动作，如高速计数和中断，等等。用户也可通过直接设置某些特殊继电器位来使设备实现某种功能。

5）变量存储器（V）

变量存储器用来存储变量的值，它可以存放程序执行过程中控制逻辑操作的中间结果，也可以使用变量存储器来保存与工序或任务相关的其他数据。这些数据或值可以是数值，也可以是"1"或"0"这样的位逻辑值。在进行数据处理或使用大量的存储单元时，变量存储器会经常使用。

6）局部变量存储器（L）

局部变量存储器用来存放局部变量。局部变量与变量存储器所存储的全局变量十分相似，主要区别在于全局变量是全局有效的，而局部变量是局部有效。全局有效是指同一个变量可以被任何程序（包括主程序、子程序和中断程序）访问；而局部有效是指变量只和特定的程序相关联。

7）顺序控制继电器（S）

顺序控制继电器称为状态器。顺序控制继电器用在顺序控制或步进控制中，如果它未被使用在顺序控制中，它也可以作为一般的中间继电器使用。

8）定时器（T）

定时器是 PLC 中重要的编程元件，是累计时间增量的内部器件。定时器的工作过程与继电器控制系统的时间继电器基本相同，但它没有瞬动触点。使用时要提前输入时间预设值，当定时器的输入条件满足时开始计时，当前值从 0 开始按一定的时间单位增加；当定时器的当前值达到预设值时，定时器触点动作。利用定时器的触点就可以完成所需要的定时控制任务。

9）计数器（C）

计数器用来累计输入脉冲的个数，经常用来对产品进行计数或进行特定功能的编程，使用时要提前输入它的设定值（计数的个数）。当输入触发条件满足时，计数器开始累计它的输入端脉冲电位上升沿（正跳变）的次数，当计数器计数达到预定的设定值时，其常开触点闭合、常闭触点断开。

10）模拟量输入映像寄存器（AI）、模拟量输出映像寄存器（AQ）

模拟量输入电路用以实现模拟量/数字量（A/D）之间的转换，而模拟量输出电路用以实现数字量/模拟量（D/A）之间的转换。

在模拟量输入/模拟量输出映像寄存器中，数字量的长度为 1 个字长（16 位），且从偶数号字节进行编址来存取转换过的模拟量值。编址内容包括元件名称、数据长度和起始字节的地址，如 AIW6、AQW12 等。

11）高速计数器（HC）

高速计数器的工作原理与普通计数器基本相同，只不过它用来累计比主机扫描速率更快的高速脉冲。

12）累加器（AC）

西门子 S7－200 系列 PLC 提供 4 个 32 位累加器，分别为 AC0、AC1、AC2、AC3。累加器是用来暂存数据的寄存器。它可以用来存放数据，如运算数据、中间数据和结果数据，也可用来向子程序传递参数，或从子程序返回参数，使用时只表示出累加器的地址编号即可，如 AC0。累加器可进行读、写两种操作。

任务计划

"友情提醒"：通过资料查询，交流讨论等形式，从任务要求出发，做出任务计划安排。

1. 任务要求

如图 1－1 所示为小车运行过程，要求小车在 A、B 两点间来回移动，其继电器控制电路图如图 1－2 所示。由图可知，当按下前进（正向启动）按钮 SB1 时，小车开始向 A 点（正向）移动，直到小车上的挡块碰到正向限位开关 SQ1，小车停止正向移动并随即开始往 B 点（反向）移动，直到小车上的挡块碰到反向限位开关 SQ2，小车停止反向移动并随即往 A 点（正向）移动，如此循环往复移动。当按下后退（反向启动）按钮 SB2 时，小车先向 B 点（反向）移动，当挡块碰到反向限位开关 SQ2 后开始向 A 点移动至挡块碰到正向限位开关后开始往 B 点移动，如此循环往复移动。当按下停止按钮 SB3 时，小车立即停止。当小车挡块碰到正向极限开关 SQ3 时，小车只能往反向（B 点）移动，此时前进按钮 SB1 失效，当小车挡块碰到反向极限开关 SQ4 时，小车只能往正向（B 点）移动，此时前进按钮 SB2 失效。

2. 任务安排

结合任务控制要求，通过小组分析讨论等方式，并罗列完成工作任务的主要内容与方法步骤。例如需要对原继电器控制电路的工作原理进行分析；需要确定 PLC 控制的输入输出点；绘制接线图，并按照接线图完成接线；控制编写调试主要是利用 PLC 编程软件，根据控制要求编写控制程序并完成程序的下载及联合调试等工作任务的分解。将分任务安排到小组个人，确定完成任务所需使用的工具与时间等分配情况（工作计划表）。

任务 1：_____

任务 2：_____

任务 3：_____

任务 4：_____

任务 5：_____

任务 6：_____

任务 7：_____

任务 8：_____

工作流程	完成任务的资料、工具或方法	人员安排	时间分配	备注

任务决策

根据实际任务要求，在小组进行任务分解，并制定工作计划的基础上，依据小组团队成员认真讨论研究，阐述任务完成的方法与策略，确定完成工作的方案决策。最终由教师指导、确定方案。（建议分项目任务可以依据计划制决策定）。

决策1：_____

决策2：_____

决策3：_____

决策4：_____

决策5：_____

决策6：_____

决策7：_____

任务实施

1. 原理分析

结合如图1-1所示为小车运行过程，要求小车在A、B两点间来回移动，其继电器控制电路图如图1-2所示。请分析电路原理，阐述其运动过程。

_____

_____

_____

_____

_____

2. PLC 选型及 I/O 地址分配

根据图1-2所示的继电器控制电路可知，该系统有正向启动按钮、反向启动按钮、停止按钮、正向限位开关、反向限位开关、正向极限开关、反向极限开关及过载保护8个输入，及正向运行接触器和反向运行接触器2个输出，均为开关量。所以该系统可选用CPU224XP AC/DC/RLY，I/O点数为24点，满足控制要求，并且还有较多的I/O点余量。PLC 控制输入/输出点地址分配见表1-1-2。

表1-1-2　PLC 控制输入/输出点地址分配

输入			输出		
名称	符号	地址	名称	符号	地址
正向启动按钮	SB1	I0.0	正向运行接触器	KM1	Q0.1
反向启动按钮	SB2	I0.1	反向运行接触器	KM2	Q0.2
停止按钮	SB3	I0.2			
正向限位开关	SQ1	I0.3			

续表

输入			输出		
名称	符号	地址	名称	符号	地址
反向限位开关	SQ2	I0.4			
正向极限开关	SQ3	I0.5			
反向极限开关	SQ4	I0.6			
过载保护	FR	I0.7			

3. 接线图

PLC 控制输入/输出点接线图如图 1 - 1 - 10 所示。

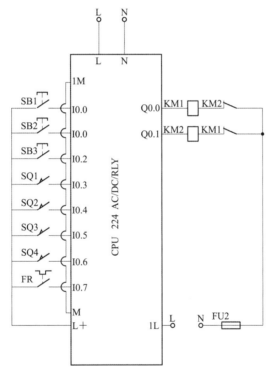

图 1 - 1 - 10　PLC 控制输入/输出点

4. 电路安装

保留原有继电器控制电路主电路部分的线路，拆除控制部分线路，然后按照如图 1 - 1 - 9 所示的接线图完成新控制电路的安装，并记录主要安装流程。

_____

_____

_____

_____

_____

5. 过程记录

结合任务实施过程，将实施过程中的主要内容与遇到的问题点记录在表格中，以便在实施过程中作出调整与分析总结提升。

工作步骤	主要工作内容	完成情况	问题记录

 任务检查

任务完成后，按表1-1-3所示的考核内容与评分标准，对任务进行相关项目的检查评分，作为完成项目情况的重要依据，建议成绩占比本任务的60%。

表1-1-3　任务项目检查表

序号	考核内容	考核要求	评分标准	配分	得分
1	电路设计	1. 根据给定的控制要求，列出 PLC 控制 I/O 口（输入/输出）元件地址分配表； 2. 绘制 PLC 控制 I/O 口（输入/输出）接线图；	1. 输入输出地址遗漏或搞错，每处扣 5 分； 2. 接线图表达不正确或画法不规范，每处扣 5 分	30	
2	安装与接线	按 PLC 控制 I/O 口（输入/输出）接线图在模拟配线板正确安装，元件在配线板上布置要合理，安装要准确紧固，配线导线要紧固、美观	1. 元件布置不整齐、不合理，每只扣 3 分； 2. 元件安装不牢固、安装元件时漏装固定螺丝，每只扣 3 分； 3. 损坏元件扣 5 分； 4. 布线不美观，每根扣 2 分； 5. 接点松动、露铜过长、反圈、压绝缘层，标记线号不清楚、遗漏或误标，每处扣 2 分； 6. 损伤导线绝缘或线心，每根扣 2 分； 7. 未按 PLC 控制 I/O（输入/输出）接线图接线，每处扣 4 分	40	
3	工具、仪表使用	1. 熟练掌握电工常用工具的使用方法和技巧； 2. 熟练使用万用表等仪器表	1. 工具使用不当扣 5 分； 2. 工具使用不熟练扣 3 分； 3. 仪表使用不正确每次扣 5 分； 4. 仪表使用不熟练扣 3 分	20	

续表

序号	考核内容	考核要求	评分标准	配分	得分
4	安全文明生产	1. 遵守安全生产法规 2. 遵守实训室使用规定	违反安全生产法规或实训室使用规定每项扣3分	10	
备注			合计	100	
老师签字			年　　　月　　　日		

 ## 总结评价

"友情提醒"：对于自我评价、小组评价等，应体现出公平、公正、公开的原则。

评价结论以"很满意、比较满意、还要加把劲"等这种性质评语为好，因为它能更有效地帮助和促进学生的发展。小组成员互评，在你认为合适的地方打勾。

组长评价、教师评价均以自我评价为依据，考核采用 A（80～100 分）、B（60～79 分）、C（0～59 分）等级，组长与教师的评价总分各占本任务的 20%。**本任务合计总分为_____。**

项目	评价内容	自我评价		
		很满意	比较满意	还要加把劲
职业素养考核项目	安全意识、责任意识强；工作严谨、敏捷			
	学习态度主动；积极参加教学安排的活动			
	团队合作意识强；注重沟通、互相协作			
	劳动保护穿戴整齐；干净、整洁			
	仪容仪表符合活动要求；朴实、大方			
专业能力考核项目	按时按要求独立完成任务；质量高			
	相关专业知识查找准确及时；知识掌握扎实			
	技能操作符合规范要求；操作熟练、灵巧			
	注重工作效率与工作质量；操作成功率高			
小组评价意见		综合等级	组长签名：	
老师评价意见		综合等级	老师签名：	

任务 2　调试自动往返小车控制电路

 任务目标

1. 能够融入团队，顺利进行沟通交流与协助；
2. 了解 PLC 编程语言的种类和编程软件的使用方法；
3. 熟悉 STEP 7 – Micro/WIN V4.0 的基本操作界面及各项工具栏的功能；
4. 熟悉小车自动往返控制电路的工作原理和运行过程；
5. 掌握使用 STEP 7 – Micro/WIN V4.0 编程软件进行程序编写、下载、调试和监控。

 任务分析

在企业生产过程中，在完成自动往返小车控制电路接线和程序设计后，即可进行控制电路的调试，调试过程主要分为控制程序的录入、编译、下载、模拟调试及控制系统整体调试。

要完成上述调试任务，需掌握 STEP 7 – Micro/WIN V4.0 编程软件的基础知识，会使用该软件进行程序输入、修改、编译、下载及监控调试的操作。

 任务咨询

一、STEP 7 – Micro/WIN 软件基础

STEP 7 – Micro/WIN V4.0 编程软件是基于 Windows 的应用软件，为用户创建程序提供了便捷的工作环境、丰富的编程向导，提高了软件的易用性；具有用户程序的文档管理和加密等工具性功能。此外，还可以用软件设置 PLC 的工作方式参数和运行监控等。

STEP 7 – Micro/WIN V4.0 的主界面如图 1 – 2 – 1 所示，主界面主要分为以下几个部分：菜单栏、工具栏、操作栏、指令树、用户窗口、输出窗口和状态栏。除菜单栏外，用户可以根据需要，通过"查看"菜单和"窗口"菜单决定其他窗口的取舍和样式的设置。

1. 菜单栏

菜单栏包括"文件（F）""编辑（E）""查看（V）""PLC（P）""调试（D）""工具（T）""窗口（W）""帮助（H）"8 个选项，涵盖了 S7 – 200 系列 PLC 的全部命令项，允许

操作栏 指令树 工具栏 菜单栏 交叉引用 数据块 状态表 符号表

状态栏　　　　输出窗口　　　程序编辑器 局部变量表

图 1 – 2 – 1　STEP 7 – Micro/WIN V4.0 的主界面

使用鼠标执行操作，操作时只需单击菜单栏中的相应子菜单选项就可以打开子菜单。菜单栏中各选项的功能如下。

1）文件（File）

"文件"菜单主要用于实现项目文件的新建、打开、关闭及保存，编辑器程序的导入和导出，在计算机和 PLC 间实现程序的上传和下载，打印及打印设置等操作。

2）编辑（Edit）

"编辑"菜单主要提供撤销、剪切、复制、粘贴、全选、插入、删除、查找、替换、转至等程序编辑工具。

3）查看（View）

"查看"菜单主要用于选择不同的程序编辑器（LAD、STL、FBD），设置数据块、符号表、状态表、系统块、交叉引用、通信参数，选择注解、网络注解显示与否，选择操作栏、指令树及输出窗口的显示与否，设置程序块的属性。

4）PLC

"PLC"菜单用于与 PLC 联机时的操作。如用软件改变 PLC 的运行方式（运行、停止），对用户程序进行编译，清除 PLC 程序，电源启动重置，查看 PLC 的信息，时钟、存储卡的操作，程序比较，PLC 类型选择等操作。其中对用户程序进行编译可以离线进行。

 小提示

　　若使用 STEP 7 – Micro/WIN V4.0 软件控制 RUN/STOP（运行/停止）模式，在 STEP 7 – Micro/WIN V4.0 和 PLC 之间必须建立通信，并且 PLC 硬件模式开关必须设为 TERM（终端）或 RUN（运行）。

5）调试（Debug）

"调试"菜单用于联机时的动态调试，有"单次扫描（First Scan）""多次扫描（Multiple Scans）""程序状态（Program Status）""触发暂停（Triggered pause）""用程序状态模拟运行条件（读取、强制、取消强制和全部取消强制）"等功能。

调试时可以指定 PLC 对程序执行有限次数扫描（从 1 次扫描到 65 535 次扫描）。通过选择 PLC 运行的扫描次数，可以在程序改变过程变量时对其进行监控。第一次扫描时，SM0.1 数值为 1（打开）。

6）工具

"工具"菜单主要提供 PID、HSC、NETR/NETW 等复杂指令设置向导，使复杂指令编程时的工作简化；提供文本显示器 TD200 设置向导；"自定义"子菜单可以更改 STEP 7 – Micro/WIN V4.0 工具条的外观或内容，以及在工具栏中增加常用工具；"选项"子菜单可以设置 3 种编辑器的风格，如字体、指令盒的大小等样式。

7）窗口

"窗口"菜单可以设置窗口的排放形式，如层叠、水平、垂直。

8）帮助

"帮助"菜单可以提供 S7 – 200 系列 PLC 的指令系统及编程软件的所有信息，并提供在线帮助及网上查询、访问等功能。

2. 工具栏

工具栏可以分为标准工具栏、调试工具栏、梯形图指令工具栏、功能块图指令工具栏和语句表指令工具栏。

工具栏包含有编程、调试、运行等常用命令的快捷键，可以提供便利的光标访问。工具栏的按钮带有颜色，表明该按钮处于激活状态，可以使用。如果按钮呈灰色，表明该按钮处于关闭状态，不能使用。

3. 操作栏

操作栏是显示编程特性的按钮控制群组，包含"查看"和"工具"窗口两部分，通过单击可实现两者之间的切换。选择"查看"窗口时显示程序块、符号表、状态表、数据块、系统块、交叉引用、"通信及设置 PG/PC 接口"按钮；选择"工具"窗口时，显示"指令向导""文本显示向导""位置控制向导""EM 253 控制面板"和"调制解调器扩展向导"等按钮。

操作栏为编程提供按钮控制，可以实现窗口的快速切换，即对编程工具执行直接按钮存取，单击操作栏中的任意按钮，则主窗口切换成此按钮对应的窗口。

当操作栏包含的对象因当前窗口大小无法显示时，可在操作栏单击右键并选择"小图标"选项，或者拖动操作栏显示的滚动条，即可向上或向下移动至其他对象。

4. 指令树

指令树以树型结构显示了所有的项目对象和创建程序所需的指令，如图 1 – 2 – 2 所示。

指令树可分为项目分支和指令分支。

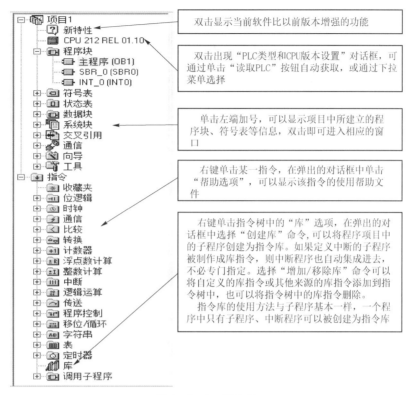

图1-2-2 指令树

项目分支用于组织程序项目。用鼠标右键单击"程序块"文件夹，插入新子程序和中断程序；打开"程序块"文件夹，并用鼠标右键单击POU（程序组织单元）图标，可以打开POU、编辑POU属性、用密码保护POU或为子程序和中断程序重新命名；用鼠标右键单击"状态表"或"符号表"文件夹，可以插入新图或表；打开"状态表"或"符号表"文件夹，在指令树中用鼠标右键单击图或表图标，或双击适当的POU标记，执行打开、重新命名或删除操作。

指令分支用于输入程序，打开指令文件夹并选择指令。拖放或双击指令，可在程序中插入指令；用鼠标右键单击指令，并从弹出菜单中选择"帮助"选项，获得有关该指令的信息；将常用指令拖放至"偏好项目"文件夹；若项目指定了PLC类型，指令树中红色标记×是表示对该PLC无效的指令。

5. 用户窗口

用户窗口可同时或分别打开如图1-2-1中的交叉引用、数据块、状态表、符号表、程序编辑器、局部变量表6个用户窗口。

1）交叉引用

如图1-2-3所示，交叉引用中列出了在程序中使用的全部操作数，并指出其所在的POU、网络或行位置，以及每次使用的操作数指令。通过交叉引用还可以查看哪些内存区域已经被使用，作为位，还是作为字节使用。在运行方式下编辑程序时，可以查看程序当前正在使用的跳变信号的地址。交叉引用不下载到 PLC，在程序编译成功后，才能打开交叉引用。

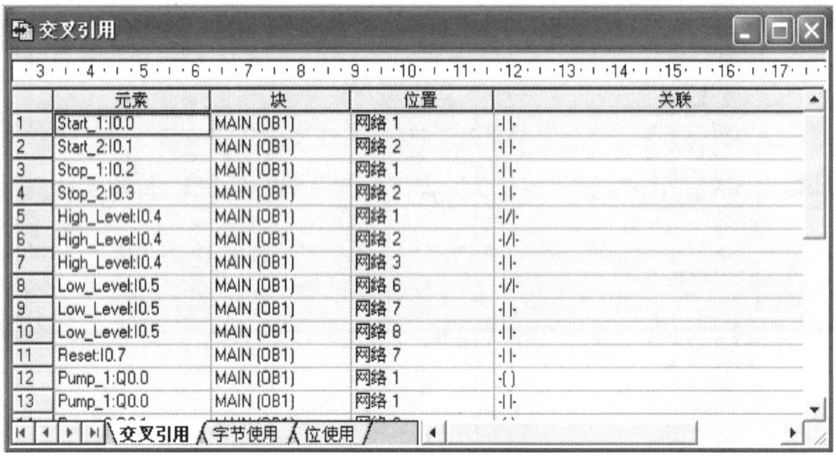

	元素	块	位置	关联
1	Start_1:I0.0	MAIN (OB1)	网络 1	-||-
2	Start_2:I0.1	MAIN (OB1)	网络 2	-||-
3	Stop_1:I0.2	MAIN (OB1)	网络 1	-||-
4	Stop_2:I0.3	MAIN (OB1)	网络 2	-||-
5	High_Level:I0.4	MAIN (OB1)	网络 1	-|/|-
6	High_Level:I0.4	MAIN (OB1)	网络 2	-|/|-
7	High_Level:I0.4	MAIN (OB1)	网络 3	-||-
8	Low_Level:I0.5	MAIN (OB1)	网络 6	-|/|-
9	Low_Level:I0.5	MAIN (OB1)	网络 7	-||-
10	Low_Level:I0.5	MAIN (OB1)	网络 8	-||-
11	Reset:I0.7	MAIN (OB1)	网络 7	-||-
12	Pump_1:Q0.0	MAIN (OB1)	网络 1	-( )
13	Pump_1:Q0.0	MAIN (OB1)	网络 1	-||-

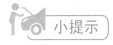

图 1-2-3　交叉引用

2）数据块

数据块可以显示和编辑数据内容，以字节、字或者双字的形式为变量存储器设定初始值，并加注必要的注释说明；可以把不同用途的数据分类，然后分别在不同数据页中定义。向导程序生成的数据块也可以自动分类保存。

如果在数据分页标签上单击右键，选择下拉菜单中的“属性”选项，可以查看、设置每个数据页的属性，并且可以单独对它们设置密码保护。单击“导出”选项，可以将数据块导出为文本文件；单击“导入”，符合格式的文本文件也可导入成为数据块。数据块还可进行重命名等操作。

小提示

受保护的标签会显示锁图标，向导会创建不能重命名且包含只读数据值的受保护标签。

3）状态表

将程序下载至 PLC 之后，可以建立一个或多个状态表，在程序运行过程中，打开状态表，可以监视和修改输入、输出或者变量的当前值，但无法监视常数、累加器和局部变量的状态。状态表并不下载到 PLC，其只是监视用户程序运行的一种工具。

在状态表中，如果要监视过程变量的当前值，需要首先输入该过程变量的地址。例如，要监视 Q0.1 的当前状态，首先需要在状态表的地址一栏中输入 Q0.1。

4）符号表

符号表可以分配和编辑全局符号（即可在任何 POU 中使用的符号值，不只是建立符号的 POU），是程序员用符号编址的一种工具表。在编程时不采用元件的直接地址作为操作数，而用有实际含义的自定义符号名作为编程元件的操作数，这样可使程序更容易理解。符号表则建立了自定义符号名与直接地址编号之间的关系。程序被编译后下载到 PLC 时，所有的符号地址被转换成绝对地址，符号表中的信息不会下载到 PLC。

5）程序编辑器

程序编辑器包含用于该项目的编辑器（LAD、FBD 或 STL）的局部变量表和程序视图。在程序编辑器的底部有"主程序""子程序"和"中断服务程序"标签，单击这些标签，可以在程序编辑器中实现主程序、子程序和中断服务程序之间的切换。

6）局部变量表

局部变量表可用于为临时的局部变量定义符号名，也可以为子程序和中断服务程序分别制定变量，用于为子程序传递参数。

程序中的每个 POU 都有自己的局部变量表，这些局部变量表允许定义具有范围限制的变量，同时只在建立该变量的 POU 中才有效。

使用局部变量有两种原因：

①希望建立不引用绝对地址或全局符号的可移动子程序；

②希望使用临时变量（TEMP 的局部变量）进行计算，以便释放 PLC 内存。

6. 输出窗口

输出窗口用来显示程序编译的结果，如编译结果有无错误及错误编码和位置等。当输出窗口列出程序错误时，可双击错误信息，会在程序编辑器中显示适当的网络。修正程序后，执行新的编译，更新输出窗口，并清除已改正网络的错误参考。

将鼠标放在输出窗口中，用鼠标右键单击，可选择隐藏输出窗口或清除其内容。

7. 状态栏

状态栏用于显示用户在 STEP 7 – Micro/WIN V4.0 中操作时的操作状态信息。

1）编辑器信息

当用户在编辑模式中工作时，状态栏根据具体情形显示下列编辑器信息：简要状态说明；当前网络号码；光标位置（用于 STL 编辑器的行和列；用于 LAD 或 FBD 编辑器的行和列）；当前编辑模式（插入或覆盖）；表示背景任务状态的图标（如保存或打印）。

2）在线状态信息

打开程序状态监控或状态表监控时，状态栏根据具体情形显示下列在线状态信息：用于通信的本地硬件配置；波特率；本地站和远程站的通信地址；PLC 操作模式；存在致命或非致命错误的状况（如果有）；一个强制图标（如果至少有一个地址在 PLC 中被强制）。

3）进展信息

如果正在进行的操作需要很长时间才能完成，状态栏则显示进展信息。状态栏提供操作说明和进展指示条。

二、PLC 编程语言

利用 PLC 厂家的编程语言来编写用户程序是 PLC 在工业现场控制中最重要的环节之一，用户程序的设计主要面向的是企业电气技术人员，因此对于用户程序的编写语言来说，应采用面对控制过程和控制问题的"自然语言"，1994 年 5 月，国际电工委员会（IEC）公布了 IEC61131 – 3《PLC 编程语言标准》，该标准阐述并说明了 PLC 的句法、语义和 5 种编程语言，具体如下。

（1）梯形图（Ladder Diagram，LD）。梯形图是PLC编程中使用最多的编程语言之一，它是在继电器控制电路的基础上演绎出来的，因此分析梯形图的方法和分析继电器控制电路的方法非常相似。对于熟悉继电器控制系统的电气技术人员来说，学习梯形图不用花费太多时间。

（2）指令表（Instruction List，IL）。在S7－200系列的PLC中将指令表称为语句表（Statement List，STL），语句表是一种类似于微机汇编语言的一种文本语言，由助记符（也称操作码）和操作数构成。其中助记符表示操作功能，操作数表示指定存储器的地址，语句表的操作数通常按位存取。

（3）顺序功能图（Sequential Function Chart，SFC）。顺序功能图是一种图形语言，在5种国际标准编辑语言中，顺序功能图被确定为首位编程语言，特别是在中、大型PLC中有较大的应用，S7 Graph就是典型的顺序功能图语言。顺序功能图主要由步、有向连线、转换条件和动作等要素组成，具有条理清晰、思路明确、直观易懂等优点，适用于开关量顺序控制程序的编写。

（4）功能块图（Function Block Diagram，FBD）。功能图块是一种类似于数字逻辑门电路的图形语言，用类似于与门（AND）、或门（OR）的方框表示逻辑运算关系。通常情况下，方框左侧表示逻辑运算输入变量，方框右侧表示逻辑运算输出变量，若输入/输出端有小圆圈则表示"非"运算，方框和方框之间用导线相连，信号从左向右流动。

（5）结构文本（Structured Text，ST）。结构文本是为IEC61131－3标准创建的一种专用高级编程语言，与梯形图相比它能实现复杂的数学运算，编写程序非常简洁和紧凑。通常用计算机的描述语句来描述系统中的各种变量之间的运算关系，完成所需的功能或操作。在中、大型PLC中，常常采用结构文本语言来描述控制系统中各个变量的关系，同时也被集散控制系统的编程和组态所采用，该语句适合习惯使用高级语言编程的人员使用。

三、梯形图编程

1. 梯形图元素及其作用

组态软件介绍

梯形图（LAD）是一种与继电器控制电路相似的图形语言。当用户在LAD编辑器中写入程序时，用户使用图形组件，并将其排列成一个逻辑网络。

下列元素类型在用户建立程序时可供使用。

（1）╫触点——电源可通过的开关。电源仅在触点关闭时通过正常打开的触点（逻辑值"1"）；电源仅在触点打开时通过正常关闭或负值（非）触点（逻辑值"0"）。

（2）{线圈——由使能位充电的继电器或输出。

（3）▯方框——当使能位到达方框时执行的一项功能（例如，定时器、计数器或数学运算）。

网络由以上元素组成并代表一个完整的线路。电源从左边的电源杆流过（在LAD编辑器中由窗口左边的一条垂直线代表）闭合触点，为线圈或方框充电。

2. 建立梯形图程序的规则

（1）放置触点的规则为：每个网络必须以一个触点开始；网络不能以触点终止。

（2）放置线圈的规则为：网络不能以线圈开始；线圈用于终止逻辑网络；一个网络可有若干个线圈，只要线圈位于该特定网络的并行分支上；不能在网络上串联一个以上线圈（即不能在一个网络的一条水平线上放置多个线圈）。

（3）放置方框的规则为：如果方框有 ENO，使能位扩充至方框外（这意味着用户可以在方框后放置更多的指令。在网络的同级线路中，可以串联若干个带 ENO 的方框）；如果方框没有 ENO，则不能在其后放置任何指令。

（4）网络尺寸限制的规则如下。

①用户可以将程序编辑器窗口视作划分为单元格的网格（单元格是可放置指令、为参数设定值或绘制线段的区域）。在网格中，一个单独的网络最多能垂直扩充 32 个单元格或水平扩充 32 个单元。

②用户可以用鼠标右键在程序编辑器中单击，并选择"选项"菜单，改变网格大小。

 任务计划

"友情提醒"：通过资料查询，交流讨论等形式，从任务要求出发，做出任务计划安排。

1. 任务要求

结合小车运行过程，要求小车在 A、B 两点间来回移动。由图可知，当按下前进（正向启动）按钮 SB1 时，小车开始向 A 点（正向）移动，直到小车上的挡块碰到正向限位开关 SQ1，小车停止正向移动并随即开始往 B 点（反向）移动，直到小车上的挡块碰到反向限位开关 SQ2，小车停止反向移动并随即往 A 点（正向）移动，如此循环往复移动。当按下后退（反向启动）按钮 SB2 时，小车先向 B 点（反向）移动，当挡块碰到反向限位开关 SQ2 后开始向 A 点移动至挡块碰到正向限位开关后开始往 B 点移动，如此循环往复移动。当按下停止按钮 SB3 时，小车立即停止。当小车挡块碰到正向极限开关 SQ3 时，小车只能往反向（B 点）移动，此时前进按钮 SB1 失效，当小车挡块碰到反向极限开关 SQ4 时，小车只能往正向（B 点）移动，此时前进按钮 SB2 失效。

在完成线路安装的基础上，需要运用 STEP7 - Micro/WIN V4.0 编程软件实现系统的编程调试，调试过程主要分为控制程序的编写录入、编译、下载、模拟调试及控制系统整体调试。

2. 任务安排

结合任务控制要求，通过小组分析讨论等方式，罗列完成工作任务的主要内容与方法步骤。例如需要利用软件新建项目、设置 PLC 类型、编辑符号表、编写用户控制程序、建立 PC 及 PLC 的通信连接线路并完成参数设置、程序下载运行和调试等工作任务的分解。将分任务安排到小组个人，确定完成任务所需使用的工具与时间等分配情况（工作计划表）。

任务 1：＿＿＿＿＿＿＿＿＿＿＿＿＿＿＿＿＿＿＿＿＿＿＿＿＿＿＿＿＿＿＿＿

任务2：_____

任务3：_____

任务4：_____

任务5：_____

任务6：_____

任务7：_____

任务8：_____

工作流程	完成任务的资料、工具或方法	人员安排	时间分配	备注

 任务决策

根据实际任务要求，在小组进行任务分解，并制定工作计划的基础上，依据小组团队成员认真讨论研究，阐述任务完成的方法与策略，确定完成工作的方案决策。最终由教师指导、确定方案。（建议分项目任务可以依据计划制决策定）。

决策1：_____
决策2：_____
决策3：_____
决策4：_____
决策5：_____
决策6：_____
决策7：_____

 任务实施

任务要求：自动往返小车 PLC 控制程序如图 1 - 2 - 4 所示，使用 STEP 7 - Micro/WIN

V4.0 录入该程序，编译后下载至 PLC，并结合任务一所完成的硬件电路，完成自动往返小车 PLC 控制系统的调试。

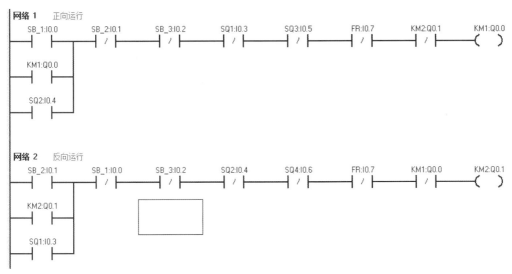

图 1 - 2 - 4 自动往返小车 PLC 控制程序

1. 打开新项目

双击 STEP 7 – Micro/WIN V4.0 图标，或从"开始"菜单选择"SIMATIC"→"STEP 7 Micro/WIN"，启动应用程序，打开一个新的 STEP 7 – Micro/WIN 项目，如图 1 – 2 – 5 所示。

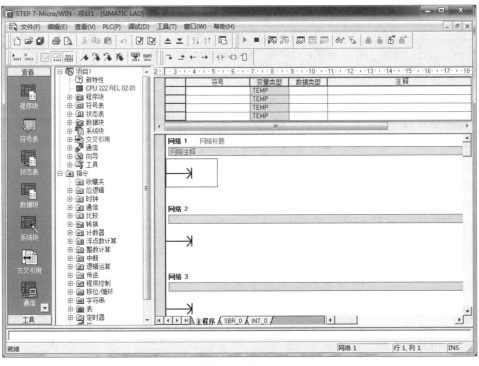

图 1 – 2 – 5 新的 STEP 7 – Micro/WIN 项目

2. 设置 PLC 类型

双击指令树中的"CPU 222 REL 02.01"文件夹弹出"PLC 类型"对话框，在其中可根据实际应用情况，选择 PLC 的型号和版本号，如图 1-2-6 所示。如计算机已经通过 PC/PPI 电缆与 PLC 连接，可单击"读取 PLC"按钮，直接读取 PLC 型号和 CPU 版本号。如未连接，则可通过下拉列表框选择相应的型号和版本号，然后单击"确认"按钮进行设定。

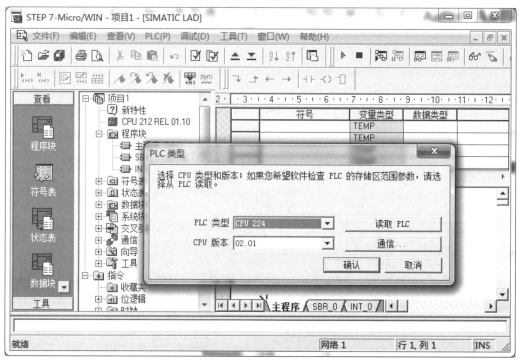

图 1-2-6 "PLC 类型"对话框

3. 编辑符号表

单击左侧"查看（V）"选项组中的"符号表"选项，进入符号表，然后单击"用户定义 1"标签，进入"用户定义"符号表编辑窗口，在符号表编辑窗口内按照任务一中的 I/O 点地址分配表完成符号地址的编辑分配，如图 1-2-7 所示。

编辑完符号表并且保存以后，就可以使用这些符号来编辑控制程序，使用户程序更具可读性。

4. 编写用户控制程序

S7-200 PLC 的用户控制程序一般由 1 个主程序（OB1）和若干个子程序（SB_x）及中断子程序（INT_x）组成。主程序是程序的主体，所有子程序必须由主程序调用才能被执行，而所有的中断程序必须在主程序中进行中断事件的设置，然后才能被操作系统直接调用执行。因此，任何的用户控制程序必须有 1 个且只能有 1 个主程序，而子程序和中断子程序则根据控制任务的复杂程度及任务的性质，由用户灵活编辑、调用。对于简单的控制任务，一般只需 1 个主程序即可。

图 1 – 2 – 7　符号表

S7 – 200 PLC 的主程序或子程序都由若干个"网络 *x*"（程序段）组成，每个"网络 *x*"均相当于一个独立的逻辑电路，不同的逻辑电路则放置在不同的"网络 *x*"中进行编辑。"网络 *x*"中的"*x*"可取 1、2、3……一系列数字，并按顺序进行编排。

STEP 7 – Micro/Win V4.0 支持 LAD（梯形图）、FBD（功能块图）和 STL（语句表）三种编程语言。对于简单逻辑电路，可以用三种语言的任意一种进行编辑，然后再转换为其他语言形式。

本项目任务属于简单控制任务，所有的程序均在主程序中编写完成，并且只有两个独立的逻辑电路，所以在两个网络中编辑。在"网络 1"中编辑正向运行控制逻辑，在"网络 2"中编辑反向运行控制逻辑。编程语言采用梯形图，编辑步骤如下。

（1）单击左侧"查看"选项组中的"程序块"选项，进入编程状态，打开菜单栏中的"查看（V）"菜单，选择"梯形图（L）"选项，进入梯形图编程界面，选择主程序（OB1），在"网络 1"中输入程序。如图 1 – 2 – 8 所示。

（2）单击"网络 1"中的"├──→"图标，双击指令树中的"位逻辑"文件夹或者单击左侧的加号，都可以显示全部位逻辑指令。然后选择常开触点，按住鼠标左键，将触点拖到"网络 1"中光标所在的位置，或者直接双击常开触点进行添加；再选择常闭触点和输出线圈，用同样的方法进行添加，完成梯形图的输入。

对于并联连接的梯形图，在输入时可先输入一个触点，然后在该触点下输入需要并联的触点；输入完成后，选中需要并联的触点，在"指令"工具栏中单击"向上连线" ┘ 按钮，即可完成并联连接梯形图的输入。

（3）梯形图框架搭建完成后，将光标移到触点或输出线圈的红色"?? . ?"上，给各触点和线圈输入地址，按 <Enter> 键确认，如图 1 – 2 – 9 所示。按照相同的方法编辑网络 2 控制程序。

（4）保存程序：在菜单栏中选择"File（文件）"→"Save（保存）"，然后输入文件名，并保存。

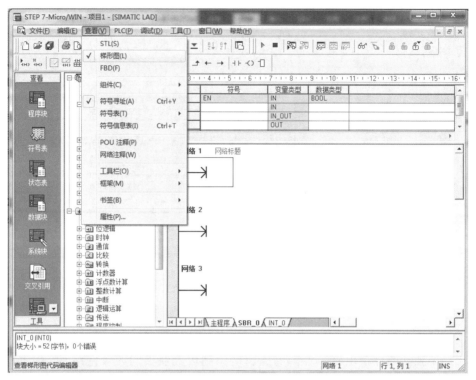

图 1 - 2 - 8　梯形图编程界面

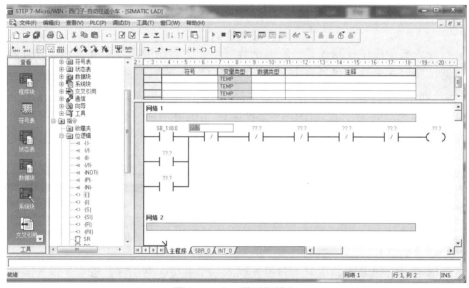

图 1 - 2 - 9　梯形图输入

（5）编译：使用"PLC"→"编译"或"PLC"→"全部编译"命令，或者直接单击工具栏上的"全部编译工具"　　按钮，对用户程序及符号进行编译。编译完成后，如果最下面的状态栏中显示 0 个错误，则表示编译通过，程序未出现语法错误；否则可双击状态栏中的错误说明跳转至错误处进行修改，直到编译没有错误为止。

5. 建立 PC 及 PLC 的通信连接线路并完成参数设置

1）建立通信连接

首先用 USB/PPI 编程电缆连接 S7 – 200 PLC 的 Port0 和计算机的 USB 接口，并接通 S7 – 200 PLC 的电源。然后在操作栏内单击"通信"选项，打开"通信"对话框。在对话框内显示目前正在使用的通信接口类型，如图 1 – 2 – 10 所示，如果需要还可以单击"设置 PG/PC 接口"选项，修改通信接口的类型及通信参数。

图 1 – 2 – 10　"通信"对话框

为了能正确搜索到目标 PLC，可勾选"搜索所有波特率"复选按钮，双击"双击刷新"按钮，系统开始搜索目前已经连接到 PC 机的 S7 – 200 PLC，搜索结果如图 1 – 2 – 11 所示。

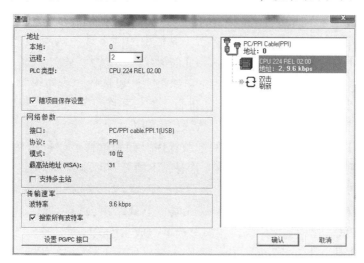

图 1 – 2 – 11　搜索已连接的目标 PLC

2）设置通信参数

在操作栏内单击"系统块"选项，打开"系统块"对话框，如图 1 - 2 - 12 所示。在该对话框的"通信端口"选项卡内，将 PLC 通信端口 0 的"PLC 地址"文本框设置为"3"，"波特率"文本框设置为"19.2 kbps"，其他保持默认值。设置完毕后，将系统块下载到PLC，PLC 就可以以 19.2 kb/s 的波特率建立与 STEP 7 - Micro/Win 之间的通信连接关系。

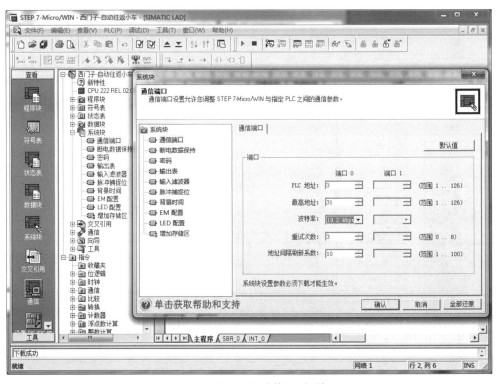

图 1 - 2 - 12　"系统块"对话框

6. 下装程序

在 PLC 和运行 STEP 7 - Micro/WIN 的个人计算机建立通信连接后，即可将 PLC 系统硬件信息及用户控制程序下载至 PLC 中。单击工具栏中的"下载"选项，或选择"文件"→"下载"，打开"下载"对话框，如图 1 - 2 - 13 所示。

在"下载"对话框内，根据用户编辑的对象类型，可选择"程序块""数据块""系统块""配方""数据记录配置"等复选按钮进行下载。系统默认选择"程序块""数据块"和"系统块"复选按钮，本项目任务保持默认状态即可。

单击对话框内的"下载"按钮，开始下载程序。如果选择了"提示从 RUN 到 STOP 模式转换"复选按钮，且 PLC 处于 RUN 模式状态，下载开始时会提示确认，单击"确认"按钮，系统自动将 PLC 切换到 STOP 模式，然后开始下载。如果选择了"提示从 STOP 到 RUN模式转换"复选按钮，且 PLC 处于 RUN 模式时，下载结束会提示确认，单击"确认"按钮，系统自动将 PLC 切换到 RUN 模式。如果选了"成功后关闭对话框"复选按钮，则在下载完成后系统自动退出"下载"对话框，否则会弹出如图 1 - 2 - 14 所示的下载成功完成提示信息，需手动关闭该对话框。

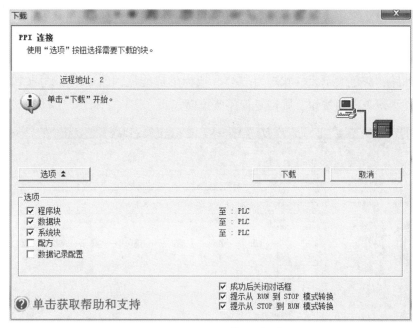

图 1 - 2 - 13　"下载"对话框

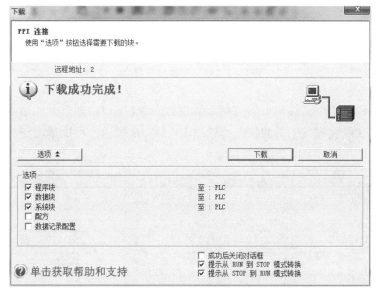

图 1 - 2 - 14　下载成功完成

7. 运行和调试程序

　　程序下载完成后，CPU 模式开关切换到 RUN 模式，结合已完成连接的电路进行调试。按按钮 SB1，观察小车是否正向运行，再按按钮 SB2，看小车是否能切换到反向运行，观察小车运行至限位开关时是否能切换运行方向，然后按按钮 SB3 看小车是否能停止运行。按同样的步骤，观察先按按钮 SB2，再按按钮 SB1，最后按按钮 SB3 时小车的运行情况。观察小车运动至极限限位开关及模拟热继电器动作时的运行情况。

在调试的同时，单击工具栏上的"程序状态监控" 按钮，则进入程序监控模式（再次单击该按钮，则取消程序监控模式），可以在线监视程序的运行状况，观察程序中各逻辑回路的状态及元件状态的变化，如图 1 - 2 - 15 所示。其中深黑色表示元件状态为"1"，或已形成能流回路；灰色表示元件状态为"0"，或为形成能流回路。单击 按钮，则暂停程序监控模式，再次单击该按钮，则恢复程序监控模式。

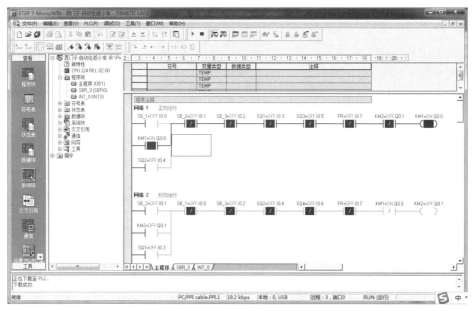

图 1 - 2 - 15　在线监视程序

在调试的同时，单击工具栏上的"状态表监控" 按钮，则打开状态表，输入需要监视的变量，可以在线监视各变量的状态，如图 1 - 2 - 16 所示。再次单击该按钮，则关闭状态表监视状态。

	地址	格式	当前值	新值
1	SB_1:I0.0	位	2#0	
2	SB_2:I0.1	位	2#0	
3	SB_3:I0.2	位	2#0	
4	SQ1:I0.3	位	2#0	
5	SQ2:I0.4	位	2#0	
6	SQ3:I0.5	位	2#0	
7	SQ4:I0.6	位	2#0	
8	FR:I0.7	位	2#0	
9	KM1:Q0.0	位	2#1	
10	KM2:Q0.1	位	2#0	
11		有符号		
12		有符号		
13		有符号		

图 1 - 2 - 16　状态表监视窗口

8. 过程记录

结合任务实施过程，将实施过程中的主要内容与遇到的问题点记录在表格中，以便在实施过程中作出调整与分析总结提升。

工作步骤	主要工作内容	完成情况	问题记录

 任务检查

　　任务完成后，按表 1 - 2 - 1 所示的考核内容与评分标准，对任务进行相关项目的检查评分，作为完成项目情况的重要依据，建议成绩占比本任务的 60% 。

表 1 - 2 - 1　任务项目检查表

序号	考核内容	考核要求	评分标准	配分	得分
1	软件使用及程序输入	能够熟练使用 STEP 7 - Micro/WIN 编程软件进行梯形图程序输入	1. 软件使用不熟练扣 10 分 2. 不会使用软件扣 20 分 3. 程序录入速度慢扣 10 分 4. 部分程序不会录入扣 10 分 5. 完全不会程序录入扣 20 分	20	
2	程序下载	能够正确使用下载线，选择正确的通讯方式及 PLC 型号，能将编写的程序下载至 PLC	1. 下载线连接不正确扣 10 分； 2. 通讯方式选择不正确扣 10 分； 3. PLC 型号选择不正确扣 10 分； 4. 程序不会下载扣 20 分	20	
3	调试及结果答辩	1. 按照被控设备的动作要求进行模拟调试，达到设计要求； 2. 程序运行结果正确、表述清楚，答辩正确	1. 不会熟练进行模拟调试，扣 10 分； 2. 1 次试车不成功扣 15 分，2 次试车不成功扣 30 分； 3. 对运行结果表述不清楚者扣 10 分	40	
4	工具、仪表使用	1. 熟练掌握电工常用工具的使用方法和技巧 2. 熟练使用万用表等仪器表	1. 工具使用不当扣 5 分； 2. 工具使用不熟练扣 3 分； 3. 仪表使用不正确每次扣 5 分； 4. 仪表使用不熟练扣 3 分	10	
5	安全文明生产	1. 遵守安全生产法规 2. 遵守实训室使用规定	违反安全生产法规或实训室使用规定每项扣 3 分	10	
备注			合计	100	
老师签字				年　　月　　日	

总结评价

"友情提醒"：对于自我评价、小组评价等，应体现出公平、公正、公开的原则。

评价结论以"很满意、比较满意、还要加把劲"等这种性质评语为好，因为它能更有效地帮助和促进学生的发展。小组成员互评，在你认为合适的地方打勾。

组长评价、教师评价均以自我评价为依据，考核采用 A（80～100 分）、B（60～79分）、C（0～59分）等级，组长与教师的评价总分各占本任务的 20%。**本任务合计总分为**_____。

项目	评价内容	自我评价		
		很满意	比较满意	还要加把劲
职业素养考核项目	安全意识、责任意识强；工作严谨、敏捷			
	学习态度主动；积极参加教学安排的活动			
	团队合作意识强；注重沟通、互相协作			
	劳动保护穿戴整齐；干净、整洁			
	仪容仪表符合活动要求；朴实、大方			
专业能力考核项目	按时按要求独立完成任务；质量高			
	相关专业知识查找准确及时；知识掌握扎实			
	技能操作符合规范要求；操作熟练、灵巧			
	注重工作效率与工作质量；操作成功率高			
小组评价意见		综合等级	组长签名：	
老师评价意见		综合等级	老师签名：	

新知识新技术　基于西门子博途软件的项目设计

项目二
装调时序逻辑控制电路

【项目描述】

工业生产的各个领域，无论是过程控制系统还是电气控制系统都有大量的开关量和模拟量信号。开关量又称为数字量，如电动机的启停、阀门的开闭、电子元件的置位与复位、按钮及位置检测开关的状态和定时器及计数器的状态等；模拟量又称为连续量，如温度流量、压力和液位等。实现电气控制系统的各种控制功能就要按规定的逻辑规则对这些信号进行处理。

社会的发展和进步对各行各业提出了越来越高的要求，制造业企业为了提高生产效率和市场竞争力，采用了机械化流水线作业的生产方式，对不同的产品零件分别生成自动生产线。产品不断地更新换代，同时也要求相应的控制系统随之改变。在这种情况下，硬连接方式的继电接触式控制系统就不能满足经常更新的要求了。这是因为其成本高，设计、施工周期长。后来出现的矩阵式顺序控制器和晶体管逻辑控制系统取代了过继电接触式控制系统，由于这些控制装置仍是硬连接，装置体积大、功能少且本身存在某些不足，虽然提高了控制系统的通用性和灵活性，但均未得到广泛的应用。

自PLC问世以来，其始终处于工业自动化控制领域的主战场，为各种各样的自动化设备提供可靠的控制核心，为自动化控制应用提供安全可靠和完善的解决方案，满足了工业企业对自动化的需要。进入20世纪80年代后，由于计算机技术和微电子技术的迅猛发展，极大地推动了PLC的发展，使得PLC的功能日益增强，不但可以很容易地完成逻辑、顺序、定时、计数、数字运算、数据处理等功能，而且可以通过输入/输出接口建立与各类生产机械数字量和模拟量的联系，从而实现生产过程的自动化控制。特别是超大规模集成电路的迅速发展以及信息、网络时代的到来，扩展了PLC的功能，使它具有很强的联网通信能力，成了工业控制的标准设备，应用方面几乎涵盖了工业企业的所有生产领域。

【项目应用场景】

电动机在现代工业领域中应用极其广泛，可以说，有电能应用的场合都会有它的身影。与内燃机和蒸汽机相比，电动机的运行效率要高得多，并且电能比其他能源传输更方便、费用更廉价，此外电能还具有清洁无污、容易控制等特点。电动机有很多种，三相异步电动机由于结构简单，制造、使用和维护方便，运行可靠以及质量较小，成本较低等优点，在所有的电动机中应用最为广泛，需求量最大。

本项目从三相异步电动机的控制入手，设计了三相异步电动机连续运行、正反转、Y/△降压启动等 PLC 控制电路，通过装调这些时序逻辑控制电路来了解 PLC 的基本应用，掌握 PLC 控制电路的设计、编程、调试过程。

【项目分析】

用 PLC 对三相异步电动机控制电路进行控制，控制过程主要分为硬件接线和软件编辑两部分，硬件接线主要是对三相异步电动机控制电路的工作原理进行分析，确定 PLC 控制的输入/输出点，并绘制接线图，按照接线图完成实物接线；软件编程主要是利用 PLC 编程软件，根据控制要求编写控制程序及程序的下载调试等。

本项目运用西门子 S7－200 系列 PLC 对三相异步电动机进行控制。

【相关知识和技能目标】

1. 理解 PLC 程序设计的方法及基本原则；
2. 掌握西门子 S7－200 可编程序控制器基本指令的指令格式和使用方法；
3. 理解辅助继电器 M 的定义、作用、分类以及编号；
4. 掌握通用辅助继电器、特殊辅助继电器的元件编号及编程方法；
5. 理解定时器、计数器的定义、作用、特点、分类以及使用方法；
6. 了解常用三相交流异步电动机的工作过程、控制方法；
7. 了解 CA6140 型车床的工作过程；
8. 能够以任务为引导，进行知识的查询收集与分析；
9. 能够融入团队，顺利进行沟通交流与协助；
10. 能够展示诚信友善的个人价值观；
11. 能够体现认真严谨的工作学习态度。

降压启动

任务1 装调三相异步电动机连续运行控制电路

任务目标

1. 能够结合任务，独自收集整理相关知识；
2. 三相异步电动机连续运行控制电路的设计、绘制、安装、调试与故障排查能力；
3. 通过实际应用例子的学习，熟悉常用指令；
4. 整体控制系统的调试、评价能力。

任务分析

在企业生产过程中，需要完成三相交流异步电动机连续运行控制电路安装调试任务，首先需要对 PLC 的基础知识有一定的了解，掌握 PLC 的工作原理、组成结构及运行方式等，其次需要了解某一型号 PLC 的相关知识，掌握其内部资源及接线端子的情况，明确电路连接方法，最后根据控制电路的要求，确定输入/输出点数并合理分配对应至 PLC 的软元件，绘制出接线图，按照接线图完成 PLC 控制系统的硬件安装并进行调试。

任务咨询

1. 梯形图语言编程主要特点及格式

（1）梯形图按行从上至下编写，每一行从左至右顺序编写，即 PLC 程序执行顺序与梯形图的编写顺序一致。

（2）梯形图左、右边垂直线分别称为起始母线和终止母线，每一逻辑行必须从起始母线开始画起（终止母线常可以省略）。

（3）梯形图中的触点有两种，即常开触点和常闭触点，这些触点可以是 PLC 的输入触点或输出触点，也可以是内部继电器、定时器/计数器的状态。与传统的继电器控制图一样，每一触点都有自己的特殊标记（编号），以示区别。同一标记的触点可以反复使用，次数不限。这是因为每一触点的状态存入 PLC 内的存储单元中，可以反复读写，典型的梯形图及指令表如图 2 - 1 - 2 所示。传统继电器控制中的每个开关均对应一个物理实体，故使用次数有限。

例 2 - 1 - 1：继电器控制图与梯形图的转换如图 2 - 1 - 1 所示。

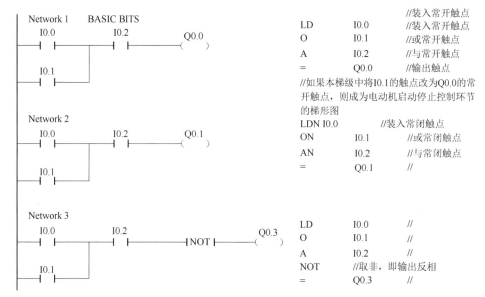

图 2 - 1 - 1　例 2 - 1 - 1 图

		//装入常开触点
LD	I0.0	//装入常开触点
O	I0.1	//或常开触点
A	I0.2	//与常开触点
=	Q0.0	//输出触点

//如果本梯级中将I0.1的触点改为Q0.0的常开触点，则成为电动机启动停止控制环节的梯形图

LDN I0.0		//装入常闭触点
ON	I0.1	//或常闭触点
AN	I0.2	//与常闭触点
=	Q0.1	//

LD	I0.0	//
O	I0.1	//
A	I0.2	//
NOT		//取非，即输出反相
=	Q0.3	//

图 2 - 1 - 2　典型的梯形图及指令表

（a）梯形图；（b）指令表

2. 逻辑取及线圈驱动指令

逻辑取及线圈驱动指令为 LD、LDN 和 =。

（1）LD（Load）：取指令，用于网络块逻辑运算开始的常开触点与母线的连接。

（2）LDN（Load Not）：取反指令，用于网络块逻辑运算开始的常闭触点与母线的连接。

（3）=（Out）：线圈驱动指令。

逻辑取及线圈驱动指令表及梯形图如图 2 - 1 - 3 所示。

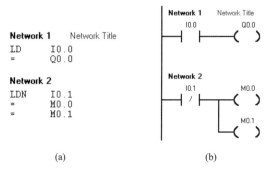

图 2 - 1 - 3　逻辑取及线圈驱动指令表及梯形图

（a）指令表；（b）梯形图

使用说明：

（1）LD、LDN 指令不仅用于网络块逻辑计算开始时与母线相连的常开和常闭触点，在分支电路块的开始也要使用 LD、LDN 指令；

（2）并联的 = 指令可连续使用任意次；

（3）在同一程序中不能使用双线圈输出，即同一元器件在同一程序中只使用一次 = 指令；

（4）LD、LDN、= 指令的操作数为：I、Q、M、SM、T、C、V、S 和 L。T、C 也作为输出线圈，但在 S7 – 200 PLC 中输出时不是以 = 指令的形式出现。

3. 触点串联指令

触点串联指令为 A、AN。

（1）A（And）：与指令，用于单个常开触点的串联连接。

（2）AN（And Not）：与反指令，用于单个常闭触点的串联连接。

触点串联指令表及梯形图如图 2 – 1 – 4 所示。

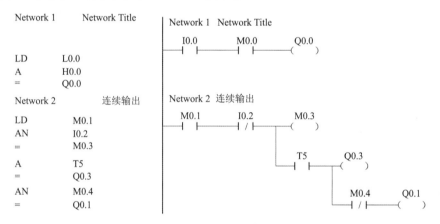

图 2 – 1 – 4 触点串联指令表及梯形图

（a）指令表；（b）梯形图

使用说明：

（1）A、AN 指令是单个触点串联连接指令，可连续使用，但在用梯形图编程时会受到打印宽度和屏幕显示的限制。S7 – 200 PLC 的编程软件中规定的串联触点数最多为 11 个。

（2）A、AN 指令的操作数为：I、Q、M、SM、T、C、V、S 和 L。

4. 触点并联指令

触点并联指令为 O、ON。

（1）O（Or）：或指令，用于单个常开触点的并联连接。

（2）ON（Or Not）：或反指令，用于单个常闭触点的并联连接。

触点并联指令表及梯形图如图 2 – 1 – 5 所示。

使用说明：

（1）单个触点的 O、ON 指令可连续使用；

（2）O、ON 指令的操作数同前。

5. 串联电路块的并联连接指令

两个以上触点串联形成的支路叫串联电路块。串联电路块的并联连接指令为 OLD。

OLD（Or Load）：或块指令，用于串联电路块的并联连接。其指令表及梯形图如图 2 - 1 - 6 所示。

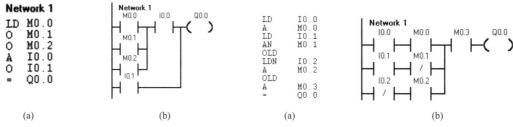

图 2 - 1 - 5 触点并联指令表及梯形图　　　　图 2 - 1 - 6 串联电路块的并联连接
　　（a）指令表；（b）梯形图　　　　　　　　　　指令表及梯形图
　　　　　　　　　　　　　　　　　　　　　　（a）指令表；（b）梯形图

使用说明：

（1）在块电路的开始也要使用 LD、LDN 指令；

（2）每完成一次块电路的并联时要写上 OLD 指令；

（3）OLD 指令无操作数。

6. 并联电路块的串联连接指令

两条以上支路并联形成的电路叫并联电路块。并联电路块的串联连接指令为 ALD。

ALD（And Load）：与块指令，用于并联电路块的串联连接。其指令表及梯形图如图 2 - 1 - 7 所示。

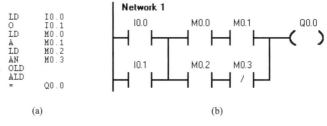

图 2 - 1 - 7 并联电路块的串联连接指令表及梯形图
（a）指令表；（b）梯形图

使用说明：

（1）在块电路开始时要使用 LD、LDN 指令；

（2）在每完成一次块电路的串联连接后要写上 ALD 指令；

（3）ALD 指令无操作数。

任务计划

"友情提醒"：通过资料查询，交流讨论等形式，从任务要求出发，做出任务计划安排。

1. 任务安排

通过三相异步电动机连续运行控制电路，实现电机连续启动，停止，以及过载保护等功能。结合任务控制要求，通过小组分析讨论等方式，并罗列完成工作任务的主要内容与方法步骤。例如需要对原继电器控制电路的工作原理进行分析；需要确定 PLC 控制的输入输出点；绘制接线图，并按照接线图完成接线；控制编写调试主要是利用 PLC 编程软件，根据控制要求编写控制程序并完成程序的下载及联合调试等工作任务的分解。将分任务安排到小组个人，确定完成任务所需使用的工具与时间等分配情况（工作计划表）。

任务 1：_____

任务 2：_____

任务 3：_____

任务 4：_____

任务 5：_____

任务 6：_____

任务 7：_____

工作流程	完成任务的资料、工具或方法	人员安排	时间分配	备注

任务决策

根据实际任务要求，在小组进行任务分解，并制定工作计划的基础上，依据小组团队成员认真讨论研究，阐述任务完成的方法与策略，确定完成工作的方案决策。最终由教师指导、确定方案。（建议分项目任务可以依据计划制决策定）。

决策1：_____

决策2：_____

决策3：_____

决策4：_____

决策5：_____

决策6：_____

决策7：_____

 任务实施

1. 分析系统控制要求

（1）分析实验所需元件及设备：启动按钮、停止按钮、热继电器、接触器、PLC。

（2）选择实验元件及设备：SB1 按钮（绿色）、SB2 按钮（红色）、接触器 KM、西门子 PLC（S7 - 200 系列 PLC）。

（3）明确系统控制要求，具体为：

①给启动信号，电动机连续运转；

②给停止信号，电动机停止运转；

③给过载信号，电动机停止运转。

本任务的电动机外部电路接线如图 2 - 1 - 8 所示。

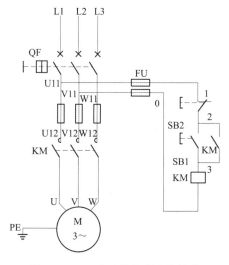

图 2 - 1 - 8　电动机外部电路接线

2. 列出 PLC 控制 I/O 点地址分配表

引导学生对外部元件进行 I/O 点地址分配，列出 PLC 控制 I/O 点地址分配表。

表 2 - 1 - 1　PLC 控制 I/O 点地址分配表

输入	功能	输出	功能
I0. 0	SB1（启动）	Q0. 0	KM（线圈）
I0. 1	SB2（停止）		

3. 画 PLC 外部接线图

（1）画 CPU 模块简图，具体步骤为：

①CPU 模块的型号选项 CPU226 CN；

②画出 3 个输入点 I0. 0、I0. 1 及对应的输入单元电路方框、输入公共点 L；

③出画 1 个开关量输出点 Q0. 0、输出单元电路方框及输出公共点 M。

（2）画输入回路：把每个外部开关元件与输入点及对应的输入单元电路、输入公共点、输入传感器电源串联成回路。

①将 SB1 按钮的常开触点与输入点 I0.0 及 I0.0 的输入单元电路、输入公共点 1M、DC 24 V 电源串联成回路。

②将 SB2 按钮的常开触点与输入点 I0.1 及 I0.1 的输入单元电路、输入公共点 1M、DC 24 V 电源串联成回路。

（3）画输出回路：把每个外部负载与输出点及对应的输出单元电路、输出公共点、输出电源串联成回路。

（4）画出的 PLC 外部接线如图 2-1-9 所示。

4. 硬件连接

（1）硬件连接的具体步骤如下。

①分部接线，先接由 PLC 及外部元件所构成的控制电路，后接主电路。在接控制电路时，先接输入回路，后接输出回路。

②先指定每个回路电流的参考方向，顺着回路电流的参考方向接线。这样就可以避免因各部分交叉接线而造成的电源短路、漏接、错接。

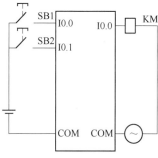

图 2-1-9　PLC 外部接线

5. 检查、通电

检查接线有无电源短路、漏接、错接，无误后通电。检查接线的方法与硬件连接的检查方法相同。

6. 编程

（1）新建项目。系统默认的项目名为项目 1。

（2）画梯形图。

①分析控制要求，指定编程所需的软元件：输入继电器 I0.0，输入继电器 I0.1，输出继电器 Q0.0。

②对照前面由纯继电控制元件构成的辅助电路，用软元件替代硬元件，画出梯形图，如图 2-1-10 所示。

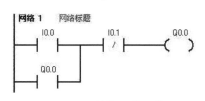

图 2-1-10　替代元件后梯形图

（3）保存项目。项目名取为三相异步电动机单向连续运行的 PLC 控制。

（4）编译。编译完成后，看输出窗口中显示的编译结果，程序有无错误或警告。

（5）下载。如果在下载的过程中出现通信错误，则检查通信设置。

（6）运行程序。

7. 系统调试

（1）开始程序状态监控，观察梯形图中软元件的状态和能流（梯形图中的能流相当于实体电路中的电流），看程序运行的结果是否达到系统设计要求。

按下启动按钮 SB2，观察电动机是否运转，并观察电脑屏幕上软元件的状态和能流。如果该网络从左母线开始到网络末端的软元件及软元件间的连接都变成蓝色，则说明该网络形成了通路，相当于实体电路通了电，这条蓝色的通路就是网络中能流的通路。

（2）打开状态表，观察软元件的值，看程序运行的结果是否达到系统设计要求。

在状态表中填入程序中四个软元件的地址，观察在对电动机进行操控的过程中这些软元件在对应存储器位（bit）中的二进制值的变化，以此加深对输入继电器 I、输出继电器 Q 的理解。

（3）修改和完善程序。需要说明的是，程序状态监控和状态表所起的作用是一致的，只是表达问题的方式不同，程序状态监控采用的是模拟方式，很形象、生动，而状态表是用软元件在存储器中的状态（数值）来表示的。

8. 过程记录

结合任务实施过程，将实施过程中的主要内容与遇到的问题点记录在表格中，以便在实施过程中作出调整与分析总结提升。

工作步骤	主要工作内容	完成情况	问题记录

 任务检查

任务完成后，按表 2-1-1 所示的考核内容与评分标准，对任务进行相关项目的检查评分，作为完成项目情况的重要依据，建议成绩占比本任务的 60%。

表 2-1-1　任务项目检查表

序号	考核内容	考核要求	评分标准	配分	得分
1	电路设计	1. 根据给定的控制要求，列出 PLC 控制 I/O 口（输入/输出）元件地址分配表； 2. 绘制 PLC 控制 I/O 口（输入/输出）接线图； 3. 设计梯形图	1. 输入输出地址遗漏或搞错，每处扣 3 分； 2. 梯形图表达不正确或画法不规范，每处扣 3 分； 3. 接线图表达不正确或画法不规范，每处扣 3 分； 4. 指令有错，每条扣 5 分	20	

续表

序号	考核内容	考核要求	评分标准	配分	得分
2	安装与接线	按 PLC 控制 I/O 口（输入/输出）接线图在模拟配线板正确安装，元件在配线板上布置要合理，安装要准确紧固，配线导线要紧固、美观	1. 元件布置不整齐、不合理，每只扣 3 分； 2. 元件安装不牢固、安装元件时漏装固定螺丝，每只扣 3 分； 3. 损坏元件扣 5 分； 4. 布线不美观，每根扣 2 分； 5. 接点松动、露铜过长、反圈、压绝缘层、标记线号不清楚、遗漏或误标，每处扣 2 分； 6. 损伤导线绝缘或线心，每根扣 2 分； 7. 未按 PLC 控制 I/O（输入/输出）接线图接线，每处扣 4 分	30	
3	程序输入、调试及结果答辩	1. 熟练操作 PLC 编程软件，能正确地将所编写的程序下载至 PLC； 2. 按照被控设备的动作要求进行模拟调试，达到设计要求； 3. 程序运行结果正确、表述清楚，答辩正确	1. 不能熟练使用编程软件，扣 5 分； 2. 不会熟练进行模拟调试，扣 10 分； 3. 1 次试车不成功扣 10 分，2 次试车不成功扣 20 分； 4. 对运行结果表述不清楚者扣 10 分	30	
4	工具、仪表使用	1. 熟练掌握电工常用工具的使用方法和技巧； 2. 熟练使用万用表等仪器表	1. 工具使用不当扣 5 分； 2. 工具使用不熟练扣 3 分； 3. 仪表使用不正确每次扣 5 分； 4. 仪表使用不熟练扣 3 分	10	
5	安全文明生产	1. 遵守安全生产法规； 2. 遵守实训室使用规定	违反安全生产法规或实训室使用规定每项扣 3 分	10	
备注			合计	100	
老师签字				年　月　日	

 总结评价

"友情提醒"：对于自我评价、小组评价等，应体现出公平、公正、公开的原则。

评价结论以"很满意、比较满意、还要加把劲"等这种性质评语为好，因为它能更有效地帮助和促进学生的发展。小组成员互评，在你认为合适的地方打勾。

组长评价、教师评价均以自我评价为依据，考核采用 A（80～100 分）、B（60～79 分）、C（0～59 分）等级，组长与教师的评价总分各占本任务的 20%。**本任务合计总分为_____。**

项目	评价内容	自我评价		
		很满意	比较满意	还要加把劲
职业素养 考核项目	安全意识、责任意识强；工作严谨、敏捷			
	学习态度主动；积极参加教学安排的活动			
	团队合作意识强；注重沟通、互相协作			
	劳动保护穿戴整齐；干净、整洁			
	仪容仪表符合活动要求；朴实、大方			
专业能力 考核项目	按时按要求独立完成任务；质量高			
	相关专业知识查找准确及时；知识掌握扎实			
	技能操作符合规范要求；操作熟练、灵巧			
	注重工作效率与工作质量；操作成功率高			
小组评价 意见		综合等级	组长签名：	
老师评价 意见		综合等级	老师签名：	

任务 2　装调三相异步电动机正反转控制电路

 任务目标

1. 能够融入团队，顺利进行沟通交流与协助；
2. 能够完成三相异步电动机正、反转运行控制线路的绘制与安装；
3. 能够完成三相异步电动机正、反转运行控制线路的调试与故障排查；
4. 能够完成 PLC 控制系统的整体调试与评价。

 任务分析

在企业生产过程中，需要完成三相交流异步电动机正反转控制电路安装调试任务，首先需要对 PLC 的基础知识有一定的了解，掌握 PLC 的工作原理、组成结构及运行方式等，其次需要了解某一型号 PLC 的相关知识，掌握其内部资源及接线端子的情况，明确电路连接方法，最后根据控制电路的要求，确定输入/输出点数并合理分配对应至 PLC 的软元件，绘制出接线图，按照接线图完成 PLC 控制系统的硬件安装并进行调试。

任务咨询

1. 置位和复位指令

置位指令为 S（Set）、复位指令为 R（Reset）。置位即置"1"，复位即置"0"。置位和复位指令可以将位存储区某一位开始的一个或多个（最多可达 255 个）同类存储器位置"1"或置"0"。其梯形图和指令表如图 2 - 2 - 1 所示，时序图如图 2 - 2 - 2 所示。

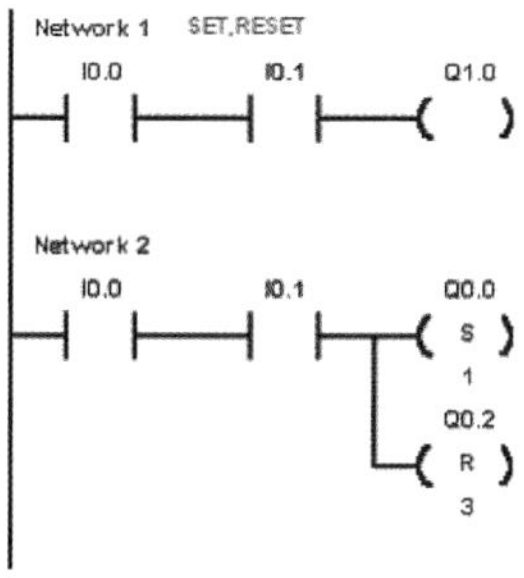

```
Network 1   SET,RESET
  I0.0    I0.1    Q1.0          LD    I0.0      //装入常开触点
  ┤├──────┤├──────( )          A     I0.1      //与常开触点
                                =     Q1.0      //输出触点

Network 2
  I0.0    I0.1    Q0.0          LD    I0.0      //
  ┤├──────┤├──────( S )         A     I0.1      //
                     1          S     Q0.0, 1   //将 Q0.0 开始的//1
                   Q0.2               个触点置 1
                  ( R )         R     Q0.2, 3   //将 Q0.2 开始的//3
                     3                个触点置 0
```

(a)　　　　　　　　　　　　(b)

图 2 - 2 - 1　置位和复位指令表及梯形图

（a）梯形图；（b）指令表

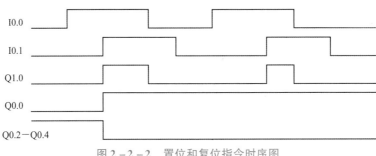

图 2 - 2 - 2　置位和复位指令时序图

这两条指令在使用时需指明三点：操作性质、开始位和位的数量。

1）S 指令

S 指令将位存储区的指定位（bit）开始的 N 个同类存储器位置位。

用法：

S　　bit,　　 N

例：

S　　Q0.0,　　1

2）R 指令

R 指令将位存储区的指定位（bit）开始的 N 个同类存储器位复位。当用复位指令时，如果是对定时器 T 位或计数器 C 位进行复位，则定时器位或计数器位被复位，同时，定时器或计数器的当前值被清零。

用法：

R　　bit,　　 N

例：

R　　Q0.2,　　3

2. 立即指令

立即指令是为了提高 PLC 对输入/输出的响应速度而设置的，它不受 PLC 循环扫描工作方式的影响，允许对输入/输出点进行快速直接存取，其用法如图 2 - 2 - 3 所示，时序图如图 2 - 2 - 4 所示。立即指令的名称和类型如下。

1）立即触点指令（立即取、取反、或、或反、与、与反）

立即触点指令是在每个标准触点指令的后面加"I"。立即触点指令执行时，立即读取物理输入点的值，但是不刷新对应映像寄存器的值。这类指令包括 LDI、LDNI、AI、ANI、OI 和 ONI。

用法：

LDI bit

例：

LDI I0. 2

注意：bit 只能是 I 类型。

2）=I（立即输出指令）

用立即输出指令访问输出点时，把栈顶值立即复制到指令所指出的物理输出点，同时，

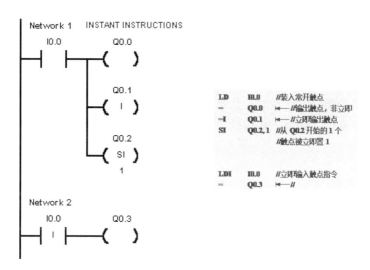

图 2 – 2 – 3　立即指令的用法

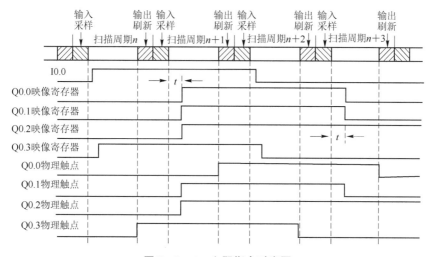

图 2 – 2 – 4　立即指令时序图

相应的输出映像寄存器的内容也被刷新。

用法:

$$= I \qquad bit$$

例:

$$= I \qquad Q0.2$$

注意: bit 只能是 Q 类型。

3) SI (立即置位指令)

用立即置位指令访问输出点时,从指令所指出的位 (bit) 开始的 N 个 (最多为 128 个) 物理输出点被立即置位,同时,相应的输出映像寄存器的内容也被刷新。

用法:

$$SI \qquad bit, \qquad N$$

例：

SI   Q0.0，   2

注意：bit 只能是 Q 类型。

4）RI（立即复位指令）

用立即复位指令访问输出点时，从指令所指出的位（bit）开始的 N 个（最多为 128 个）物理输出点被立即复位，同时，相应的输出映像寄存器的内容也被刷新。

用法：

RI   bit，   N

例：

RI   Q0.0，   1

在图 2-2-4 中，t 为执行到输出点程序所用的时间，Q0.0、Q0.1、Q0.2 的输入逻辑是 I0.0 的普通常开触点。Q0.0 为普通输出，在程序执行到它时，它的映像寄存器的状态会随着本扫描周期采集到的 I0.0 状态的改变而改变，而它的物理触点要等到本扫描周期的输出刷新阶段才改变；Q0.1、Q0.2 为立即输出，在程序执行到它们时，它们的物理触点和输出映像寄存器同时改变；而对 Q0.3 来说，它的输入逻辑是 I0.0 的立即触点，所以在程序执行到它时，Q0.3 的映像寄存器的状态会随着 I0.0 即时状态的改变而立即改变，而它的物理触点要等到本扫描周期的输出刷新阶段才改变。

3. 脉冲生成指令

脉冲生成指令为 EU（Edge Up）、ED（Edge Down）。表 2-2-1 所示为脉冲生成指令使用说明。

表 2-2-1　脉冲生成指令使用说明

指令名称	LAD	STL	功能	说明
上升沿脉冲	—|P|—	EU	在上升沿产生脉冲	无操作数
下降沿脉冲	—|N|—	ED	在下降沿产生脉冲	

例 2-2-1： 脉冲生成指令举例如图 2-2-5 所示。

使用说明：

（1）EU 指令对其之前的逻辑运算结果的上升沿产生一个宽度为一个扫描周期的脉冲，如图 2-2-5（c）中的 M0.0；

（2）ED 指令对其逻辑运算结果的下降沿产生一个宽度为一个扫描周期的脉冲，如图 2-2-5（c）中的 M0.1。脉冲生成指令常用于启动及关断条件的判定以及配合功能指令完成一些逻辑控制任务。

4. 逻辑堆栈操作指令

S7-200 PLC 使用一个 9 层堆栈来处理所有逻辑操作。堆栈是一组能够存储和取出数据的暂存单元，其特点是"先进后出"。每一次进行入栈操作，新值放入栈顶，栈底值丢失；每一次进行出栈操作，栈顶值弹出，栈底值补进随机数。逻辑堆栈操作指令主要来完成对触点进行的复杂连接。

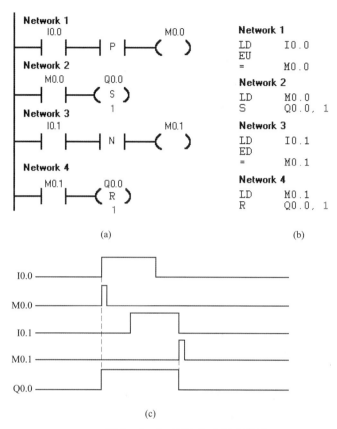

图 2 - 2 - 5 脉冲生成指令举例

（a）梯形图；（b）指令表；（c）时序图

S7 - 200 PLC 中把 ALD、OLD、LPS、LRD、LPP 指令都归纳为逻辑堆栈操作指令。

1）栈装载与指令（ALD）

ALD 为栈装载与指令（与块），在梯形图中用于将并联电路块进行串联连接。在语句表中 ALD 指令执行情况如表 2 - 2 - 2 所示。

表 2 - 2 - 2 ALD 指令执行情况

名称	执行前	执行后	说明
STACK 0	1	0	假设执行前，S0 = 1，S1 = 0。本指令对堆栈中的第一层 S0 和第二层 S1 的值进行逻辑与运算，结果放回栈项，即
STACK 1	0	S2	
STACK 2	S2	S3	
STACK 3	S3	S4	
STACK 4	S4	S5	
STACK 5	S5	S6	
STACK 6	S6	S7	
STACK 7	S7	S8	
STACK 8	S8	X	

$$S0 = S0 * S1$$
$$= 1 * 0$$
$$= 0$$

执行完本指令后堆栈串行上移 1 格，深度减 1

2）栈装载或指令（OLD）

OLD为栈装载或指令（或块），在梯形图中用于将串联电路块进行并联连接。在语句表中OLD指令执行情况如表2-2-3所示。

表2-2-3　OLD指令执行情况

名称	执行前	执行后	说明
STACK 0	1	1	
STACK 1	0	S2	假设执行前，S0 = 1，S1 = 0。本指令对堆栈中的第一层S0和第二层S1的值进行逻辑或运算，结果放回栈顶，即
STACK 2	S2	S3	
STACK 3	S3	S4	S0 = S0 + S1
STACK 4	S4	S5	= 1 + 0
STACK 5	S5	S6	= 1
STACK 6	S6	S7	
STACK 7	S7	S8	执行完本指令后堆栈串行上移1个单元，深度减1
STACK 8	S8	X	

3）逻辑入栈指令（LPS）

LPS为逻辑入栈指令（分支或主控指令），在梯形图中的分支结构中，用于生成一条新的母线，左侧为主控逻辑块，完整的从逻辑行从此处开始。

注意：使用LPS指令时，本指令为分支的开始，必须有分支结束指令LPP与之呼应，即LPS与LPP指令必须成对出现。

在语句表中LPS指令执行情况如表2-2-4所示。

表2-2-4　LPS指令执行情况

名称	执行前	执行后	说明
STACK 0	1	1	
STACK 1	S1	1	
STACK 2	S2	S1	假设执行前，S0 = 1。本指令对堆栈中的栈顶S0进行复制，并将这个复制值由栈顶压入堆栈，即
STACK 3	S3	S2	S0 = S0
STACK 4	S4	S3	= 1
STACK 5	S5	S4	执行完本指令后堆栈串行下移1格，深度加1，原来的栈底S8内容将自动丢失
STACK 6	S6	S5	
STACK 7	S7	S6	
STACK 8	S8	S7	

4）逻辑出栈指令（LPP）

LPP为逻辑弹出栈指令（分支结束或主控复位指令），在梯形图的分支结构中，用于将LPS指令生成一条新的母线进行恢复。

注意：使用LPP指令时，其必须出现在LPS的后面，即与LPS成对出现。

在语句表中指令 LPP 执行情况如表 2 - 2 - 5 所示。

表 2 - 2 - 5 指令 LPP 执行情况

名称	执行前	执行后	说明
STACK 0	1	1	
STACK 1	1	S1	
STACK 2	S1	S2	假设执行前，S0 = 1，S1 = 1。本指令将堆栈中的栈顶
STACK 3	S2	S3	S0 弹出，则第二层 S1 的值上升进入栈顶，用以进行本指
STACK 4	S3	S4	令之后的操作，即
STACK 5	S4	S5	S0 = S1
STACK 6	S5	S6	= 1
STACK 7	S6	S7	执行完本指令后堆栈串行下移 1 格，深度减 1，栈底
STACK 8	S7	X	S8 内容将生成一个随机值 X

5）逻辑读栈指令（LRD）

LRD 为逻辑读栈指令，在梯形图中的分支结构中，用于当左侧为主控逻辑块时，开始第二个后边更多的从逻辑块的编程。

在语句表中指令 LRD 执行情况如表 2 - 2 - 6 所示。

表 2 - 2 - 6 LRD 指令执行情况

名称	执行前	执行后	说明
STACK 0	1	0	
STACK 1	0	0	
STACK 2	S2	S2	假设执行前，S0 = 1，S1 = 0。本指令对堆栈中第二层
STACK 3	S3	S3	S1 中的值进行复制，然后将这个复制值放入栈顶 S0，本
STACK 4	S4	S4	指令不对堆栈进行压入和弹出操作，即
STACK 5	S5	S5	S0 = S1
STACK 6	S6	S6	= 0
STACK 7	S7	S7	执行完本指令后堆栈不串行上移或下移，除栈顶值之
STACK 8	S8	S8	外，其他部分的值不变

例 2 - 2 - 2：LPS、LRD、LPP 指令使用举例见图 2 - 2 - 6。

例 2 - 2 - 3：LPS、LRD、LPP 指令使用举例见图 2 - 2 - 7。

例 2 - 2 - 4：LPS、LRD、LPP 指令使用举例见图 2 - 2 - 8。

使用说明：

（1）由于受堆栈空间的限制（9 层），LPS、LPP 指令连续使用时应少于 9 次；

（2）LPS 和 LPP 指令必须成对使用，它们之间可以使用 LRD 命令；

（3）LPS、LRD、LPP 指令无操作数。

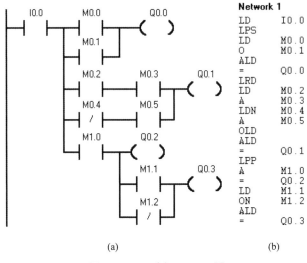

(a)   (b)

图 2 - 2 - 6   例 2 - 2 - 2 图
(a) 梯形图；(b) 指令表

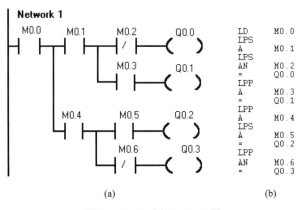

(a)   (b)

图 2 - 2 - 7   例 2 - 2 - 3 图
(a) 梯形图；(b) 指令表

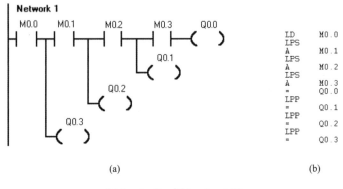

(a)   (b)

图 2 - 2 - 8   例 2 - 2 - 4 图
(a) 梯形图；(b) 指令表

任务计划

"友情提醒"：通过资料查询，交流讨论等形式，从任务要求出发，做出任务计划安排。

1. 任务安排

通过三相异步电动机正反转控制电路，实现电机的正反转连续启动，停止，以及过载保护等功能。结合任务控制要求，通过小组分析讨论等方式，并罗列完成工作任务的主要内容与方法步骤。例如需要对原继电器控制电路的工作原理进行分析；需要确定 PLC 控制的输入输出点；绘制接线图，并按照接线图完成接线；控制编写调试主要是利用 PLC 编程软件，根据控制要求编写控制程序并完成程序的下载及联合调试等工作任务的分解。将分任务安排到小组个人，确定完成任务所需使用的工具与时间等分配情况（工作计划表）。

任务 1：_____

任务 2：_____

任务 3：_____

任务 4：_____

任务 5：_____

任务 6：_____

任务 7：_____

任务 8：_____

工作流程	完成任务的资料、工具或方法	人员安排	时间分配	备注

 任务决策

根据实际任务要求，在小组进行任务分解，并制定工作计划的基础上，依据小组团队成员认真讨论研究，阐述任务完成的方法与策略，确定完成工作的方案决策。最终由教师指导、确定方案。（建议分项目任务可以依据计划制决策定）。

决策1：＿＿＿＿＿＿＿＿＿＿＿＿＿＿＿＿＿＿＿＿＿＿＿＿＿＿＿＿＿＿＿

决策2：＿＿＿＿＿＿＿＿＿＿＿＿＿＿＿＿＿＿＿＿＿＿＿＿＿＿＿＿＿＿＿

决策3：＿＿＿＿＿＿＿＿＿＿＿＿＿＿＿＿＿＿＿＿＿＿＿＿＿＿＿＿＿＿＿

决策4：＿＿＿＿＿＿＿＿＿＿＿＿＿＿＿＿＿＿＿＿＿＿＿＿＿＿＿＿＿＿＿

决策5：＿＿＿＿＿＿＿＿＿＿＿＿＿＿＿＿＿＿＿＿＿＿＿＿＿＿＿＿＿＿＿

决策6：＿＿＿＿＿＿＿＿＿＿＿＿＿＿＿＿＿＿＿＿＿＿＿＿＿＿＿＿＿＿＿

 任务实施

1. 分析系统控制要求

（1）分析实验所需元件及设备：正向启动按钮、反向启动按钮、停止按钮、热继电器、接触器、PLC

（2）选择实验元件及设备：SBF 按钮（绿色）、SBR 按钮（绿色）、按钮 SBP（红色）、接触器 KMF、接触器 KMR、热继电器 FR、西门子 PLC（S7-200 系列）。

（3）明确系统控制要求，具体为：

①给正向启动信号，电动机正向连续运转；

②给反向启动信号，电动机反向连续运转；

③给停止信号，电动机停止运转；

④给过载信号，电动机停止运转。

本任务的电动机外部接线图如图 2-2-9 所示。

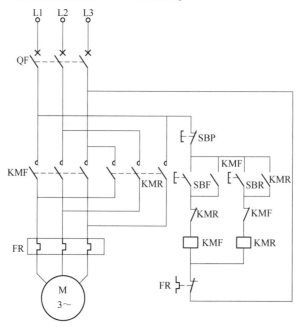

图 2-2-9　电动机外部接线图

2. 列出 PLC 控制 I/O 点地址分配表

引导学生对外部元件进行 PLC 控制 I/O 点地址分配,列出 PLC 控制 I/O 点地址分配表,如表 2-2-7 所示。

表 2-2-7　PLC 控制 I/O 点地址分配表

输入	功能	输出	功能
I0.0	SBF（正转启动）	Q0.1	KMF（正转接触器）
I0.1	SBR（反转启动）	Q0.2	KMR（反转接触器）
I0.2	SBP（停止）		
I0.3	FR（热继电器）		

3. 画 PLC 外部接线图

（1）画 CPU 模块简图,具体步骤为:

①CPU 模块的型号选用 CPU226 CN;

②画出 4 个输入点 I0.0、I0.1、I0.2、I0.3 及对应的输入单元电路方框、输入公共点 COM;

③画出 2 个开关量输出点 Q0.1、Q0.2 输出单元电路方框及输出公共点 COM。

（2）画输入回路:把每个外部开关元件与输入点及对应的输入单元电路、输入公共点、输入传感器电源串联成回路。

①将 SBF 按钮的常开触点与输入点 I0.0 及 I0.0 的输入单元电路、输入公共点 1M、DC 24 V 电源串联成回路。

②将 SBR 按钮的常开触点与输入点 I0.1 及 I0.1 的输入单元电路、输入公共点 1M、DC 24 V 电源串联成回路。

③将 SBP 按钮的常开触点与输入点 I0.2 及 I0.2 的输入单元电路、输入公共点 1M、DC 24 V 电源串联成回路。

④将热继电器 FR 的常开触点与输入点 I0.3 及 I0.3 的输入单元电路、输入公共点 1M、DC 24 V 电源串联成回路。

（3）画输出回路:把每个外部负载与输出点及对应的输出单元电路、输出公共点、输出电源串联成回路。

（4）画主电路接线图如图 2-2-10 所示。

4. 硬件连接

（1）硬件连接的具体步骤如下。

①分部接线,先接由 PLC 及外部元件所构成的控制电路,后接主电路。在接控制电路时,先接输入回路,后接输出回路。

②先指定每个回路电流的参考方向,顺着回路电流的参考方向接线。这样就可以避免因各部分交叉接线而造成的电源短路、漏接、错接。

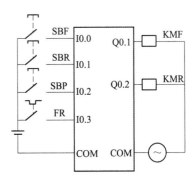

图 2-2-10　主电路接线图

5. 检查、通电

检查接线有无电源短路、漏接、错接，无误后通电。检查接线的方法与硬件连接的检查方法相同。

6. 编程

（1）新建项目。系统默认的项目名为项目1。

（2）画梯形图。

①分析控制要求，指定编程所需的软元件：输入继电器 I0.0，输入继电器 I0.1，输入继电器 I0.2，输入继电器 I0.3，输出继电器 Q0.0，输出继电器 Q0.1。

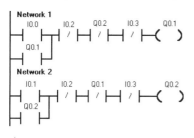

图 2 - 2 - 11　替代元件后梯形图

②对照前面由纯继电控制元件构成的辅助电路，用软元件替代硬元件，画出梯形图，如图 2 - 2 - 11 所示。

（3）保存项目。项目名取为三相异步电动机正反转运行的 PLC 控制。

（4）编译。编译完成后，看输出窗口中显示的编译结果，程序有无错误或警告。

（5）下载。如果在下载的过程中出现通信错误，则检查通信设置。

（6）运行程序。

7. 系统调试

（1）开始程序状态监控，观察梯形图中软元件的状态和能流（梯形图中的能流相当于实体电路中的电流），看程序运行的结果是否达到系统设计要求。

按下启动按钮 SBF，观察电动机是否正向运转，并观察电脑屏幕上软元件的状态和能流。如果该网络从左母线开始到网络末端的软元件及软元件间的连接都变成蓝色，则说明该网络形成了通路，相当于实体电路通了电，这条蓝色的通路就是网络中能流的通路。

按下启动按钮 SBR，观察电动机是否反向运转，并观察电脑屏幕上软元件的状态和能流。如果该网络从左母线开始到网络末端的软元件及软元件间的连接都变成蓝色，则说明该网络形成了通路，相当于实体电路通了电，这条蓝色的通路就是网络中能流的通路。

按下停止按钮 SBP，观察电动机是否停止，并观察电脑屏幕上软元件的状态和能流。

按下热过载保护按钮，观察电动机是否停止，并观察电脑屏幕上软元件的状态和能流。

（2）打开状态表，观察软元件的值，看程序运行的结果是否达到系统设计要求。

在状态表中填入程序中四个软元件的地址，观察在对电动机进行操控的过程中这些软元件在对应存储器位（bit）中二进制值的变化，以此加深对输入继电器 I、输出继电器 Q 的理解。

（3）修改和完善程序。需要说明的是，程序状态监控和状态表所起的作用是一致的，只是表达问题的方式不同，程序状态监控采用的是模拟方式，很形象、生动，而状态表是用软元件在存储器中的状态（数值）来表示的。

8. 过程记录

结合任务实施过程，将实施过程中的主要内容与遇到的问题点记录在表格中，以便在实施过程中作出调整与分析总结提升。

工作步骤	主要工作内容	完成情况	问题记录

 任务检查

任务完成后，按表 1-1-3 所示的考核内容与评分标准，对任务进行相关项目的检查评分，作为完成项目情况的重要依据，建议成绩占比本任务的 60%。

表 2-2-1　任务项目检查表

序号	考核内容	考核要求	评分标准	配分	得分
1	电路设计	1. 根据给定的控制要求，列出 PLC 控制 I/O 口（输入/输出）元件地址分配表； 2. 绘制 PLC 控制 I/O 口（输入/输出）接线图； 3. 设计梯形图	1. 输入输出地址遗漏或搞错，每处扣 3 分； 2. 梯形图表达不正确或画法不规范，每处扣 3 分； 3. 接线图表达不正确或画法不规范，每处扣 3 分； 4. 指令有错，每条扣 5 分	20	
2	安装与接线	按 PLC 控制 I/O 口（输入/输出）接线图在模拟配线板正确安装，元件在配线板上布置要合理，安装要准确紧固，配线导线要紧固、美观	1. 元件布置不整齐、不合理，每只扣 3 分； 2. 元件安装不牢固、安装元件时漏装固定螺丝，每只扣 3 分； 3. 损坏元件扣 5 分； 4. 布线不美观，每根扣 2 分； 5. 接点松动、露铜过长、反圈、压绝缘层，标记线号不清楚、遗漏或误标，每处扣 2 分； 6. 损伤导线绝缘或线心，每根扣 2 分； 7. 未按 PLC 控制 I/O（输入/输出）接线图接线，每处扣 4 分	30	
3	程序输入、调试及结果答辩	1. 熟练操作 PLC 编程软件，能正确地将所编写的程序下载至 PLC； 2. 按照被控设备的动作要求进行模拟调试，达到设计要求； 3. 程序运行结果正确、表述清楚，答辩正确	1. 不能熟练使用编程软件，扣 5 分； 2. 不会熟练进行模拟调试，扣 10 分； 3. 1 次试车不成功扣 10 分，2 次试车不成功扣 20 分； 4. 对运行结果表述不清楚者扣 10 分	30	

续表

序号	考核内容	考核要求	评分标准	配分	得分
4	工具、仪表使用	1. 熟练掌握电工常用工具的使用方法和技巧 2. 熟练使用万用表等仪器表	1. 工具使用不当扣5分 2. 工具使用不熟练扣3分 3. 仪表使用不正确每次扣5分 4. 仪表使用不熟练扣3分	10	
5	安全文明生产	1. 遵守安全生产法规； 2. 遵守实训室使用规定	违反安全生产法规或实训室使用规定每项扣3分	10	
备注			合计	100	
老师签字			年 月 日		

 总结评价

"友情提醒"：对于自我评价、小组评价等，应体现出公平、公正、公开的原则。

评价结论以"很满意、比较满意、还要加把劲"等这种性质评语为好，因为它能更有效地帮助和促进学生的发展。小组成员互评，在你认为合适的地方打勾。

组长评价、教师评价均以自我评价为依据，考核采用 A（80～100 分）、B（60～79 分）、C（0～59 分）等级，组长与教师的评价总分各占本任务的 20%。**本任务合计总分为_____。**

项目	评价内容	自我评价		
		很满意	比较满意	还要加把劲
职业素养考核项目	安全意识、责任意识强；工作严谨、敏捷			
	学习态度主动；积极参加教学安排的活动			
	团队合作意识强；注重沟通、互相协作			
	劳动保护穿戴整齐；干净、整洁			
	仪容仪表符合活动要求；朴实、大方			
专业能力考核项目	按时按要求独立完成任务；质量高			
	相关专业知识查找准确及时；知识掌握扎实			
	技能操作符合规范要求；操作熟练、灵巧			
	注重工作效率与工作质量；操作成功率高			
小组评价意见		综合等级	组长签名：	
老师评价意见		综合等级	老师签名：	

任务 3 装调三相异步电动机Y/△降压启动控制电路

 任务目标

1. 能够展示诚信友善的个人价值观；
2. 掌握 PLC 定时器指令的使用方法；
3. 掌握三相异步电动机 Y – △降压启动的程序编写的方法；
4. 掌握三相异步电动机 YY – 降压启动的 PLC 控制线路安装调试方法。

 任务分析

由于交流电动机直接启动时电流达到额定值的 4 ~ 7 倍，电动机功率越大，电网电压波动率也越大，对电动机及机械设备的危害也越大。因此，对容量较大的电动机采用降压启动来限制启动电流，Y/△降压启动是常见的启动方法，其基本控制电路如图 2 – 3 – 1 所示，它是根据启动过程中的时间变化而利用时间继电器来控制 Y/△切换的。

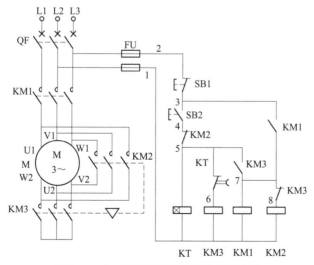

图 2 – 3 – 1 Y/△降压启动基本控制电路

由图 2 – 3 – 1 可知，接触器 KM2 与 KM3 不能同时通电，否则会造成电源短路，故应考虑互锁作用。控制电路所需的元器件有输入量，如启动按钮和停止按钮；输出量，即控制电动机的接触器。时间继电器 KT 不能作为输入量与输出量，而应利用 PLC 内部的定时器指令（TON）来实现定时功能，本任务将重点学习 S7 – 200 PLC 中定时器指令的应用。

 任务咨询

1. 定时器指令介绍

定时器是 PLC 中最常用的编程元件之一，其功能与继电器控制系统中的时间继电器相同，起到延时的作用。与时间继电器不同的是定时器有无数对常开、常闭触点供用户编程使用。其结构主要由一个 12 位当前值寄存器（用来存储当前值）、一个 16 位预置值寄存器（用来存储预置值）和 1 位状态位（反映其触点的状态）组成。

S7 – 200 的 CPU22X 系列的 PLC 共有 256 个定时器，它们均为增量型定时器，用于实现时间控制，定时器编号为 T0 ~ T255。如果按照工作方式分类，可分成接通延时定时器（TON）、断开延时定时器（TOF）、有记忆接通延时定时器（TONR）3 种。如果按照时基分类，定时器又可分为 1 ms 定时器、10 ms 定时器和 100 ms 定时器 3 种。定时器的定时精度及编号如表 2 – 3 – 1 所示，定时器指令的格式及功能详见表 2 – 3 – 2。

表 2 – 3 – 1　定时器的定时精度及编号

定时器类型	精度等级/ms	最大当前值/s	定时器编号
TON/TOF	1	32. 767	T32，T96
	10	327. 67	T33 ~ T36，T97 ~ T100
	100	3 276. 7	T37 ~ T63，T101 ~ T255
TONR	1	32. 767	T0，T64
	10	327. 67	T1 ~ T4，T65 ~ T68
	100	3 276. 7	T5 ~ T31，T69 ~ T95

表 2 – 3 – 2　定时器指令的格式及功能

类型	梯形图	语句表	指令功能
接通延时定时器（On – Delay Timer）	T×××　　IN　TON　　PT　???ms	TON T×××，PT	使能输入端接通时，当前值从 0 开始加 1 计时，当前值等于设定值时，定时器状态位为 ON，当前值连续计数到 32 767。当使能输入断开时，定时器自动复位，即定时器状态位为 OFF，当前值为 0
断开延时定时器（OFF – Delay Timer）	T×××　　IN　TOF　　PT　???ms	TOF T×××，PT	使能输入接通时，定时器状态位为 ON，当前值清零。当使能输入断开时，定时器当前值从 0 开始加 1 计数，当前值等于设定值时，定时器状态位为 OFF，并停止计数，当前值保持不变

续表

类型	梯形图	语句表	指令功能
有记忆接通延时定时器 （Retentive ON – Delay Timer）	T××× —IN　　TONR —PT　　???ms	TONR T×××, PT	使能输入接通时，当前值从 0 开始加 1 计时。使能输入断开时，定时器位和当前值保持不变。使能输入再次接通时，当前值从上次的保持值继续计数，当累计当前值达到设定值时，定时器状态位为 ON，当前值连续计数到 32 767

2. 指令说明

（1）定时器的时基。定时器有 1 ms 时基、10 ms 时基和 100 ms 时基 3 种时基。不同的时基标准，定时精度、定时范围和定时器刷新的方式不同。

定时器的工作原理是：使能输入有效后，当前值寄存器对 PLC 内部的时基脉冲增 1 计数（如 1 ms 定时器是每隔 1 ms 增 1 计数），当计数当前值不小于定时器的设定值时，定时器的状态位置位。其中，最小计时单位为时基脉冲的周期宽度，所以时基代表着定时器的定时精度（又称为分辨率）。从定时器输入有效，到状态位输出有效，经过的时间称为延时时间。延时时间 = 设定值 × 时基，时基越大，延时范围就越大，但精度也就越低。

（2）定时器的编号。定时器的编号包含两方面信息，即定时器状态位和定时器当前值。定时器状态位即定时器的触点（包括常开触点和常闭触点），定时器当前值是指当前值寄存器累积的时基脉冲个数。因为当前值寄存器为一个 16 位寄存器，所以最大当前计数值为 32 767，由此可推算不同分辨率的定时器延时范围。定时器的编号一旦确定，其相应的分辨率就随之而定，且同一个定时器编号不能重复使用。

（3）定时器的刷新方式。定时器的时基不同，其刷新方式也不同。要正确使用定时器，首先要知道定时器的刷新方式，保证定时器在每个扫描周期都能刷新 1 次，并能执行 1 次定时器指令。

①1 ms 定时器的刷新方式。1 ms 定时器采用中断刷新的方式，系统每隔 1 ms 刷新 1 次，与扫描周期及程序处理无关。但扫描周期较长时，1 ms 定时器在 1 个扫描周期内将多次被刷新，其当前值在每个扫描周期内可能不一致。

②10 ms 定时器的刷新方式。10 ms 定时器由系统在每个扫描周期的开始时自动刷新。由于在每个扫描周期的开始时刷新，所以在一个扫描周期内定时器的状态位和当前值保持不变。

③100 ms 定时器的刷新方式。100 ms 定时器是在该定时器指令执行时被刷新。

（4）正确使用定时器。在 PLC 的应用中，经常使用定时器的自复位功能，即利用定时器自己的动断触点使定时器复位。这里需要注意，要使用定时器的自复位功能，必须考虑定时器的刷新方式。一般情况下，100 ms 定时器常采用自复位逻辑，而 1 ms 和 10 ms 定时器不可采用自复位逻辑。

3. 应用举例

（1）接通延时定时器应用实例如图 2 - 3 - 2 所示。

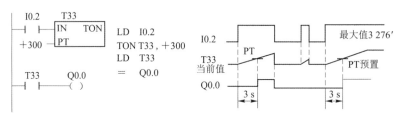

图 2 - 3 - 2　接通延时定时器应用实例

当 I0.2 接通时，即驱动定时器 T33 开始计时（数量基脉冲）；计时到预置值 3 s 时，定时器 T33 状态位置 "1"，其动合触点接通，驱动 Q0.0 有输出，其后当前值仍增加，但不能影响状态位。当 I0.2 分断时定时器 T33 复位，当前值清零，状态位也清零，即回复原始状态。若 I0.2 接通时间未到预置值就断开，定时器 T33 也会跟随复位，但此时 Q0.0 不会有输出。

（2）断开延时定时器应用实例如图 2 - 3 - 3 所示。

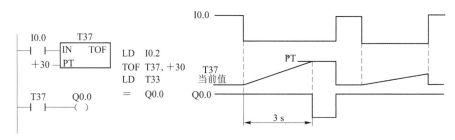

图 2 - 3 - 3　断开延时定时器应用实例

当 I0.0 接通时，定时器输出状态位被立即置位（ON），当前值复位，Q0.0 有输出。当 I0.0 断开时，定时器 T37 开始计时，当前值从 0 递增，当前值达到预置值时，定时器状态位复位，并停止计时，当前值保持，Q0.0 没有输出。如果当前值未达到预置值 I0.0 就接通，则定时器状态位不会复位，Q0.0 一直有输出。

（3）有记忆接通延时定时器应用实例如图 2 - 3 - 4 所示。

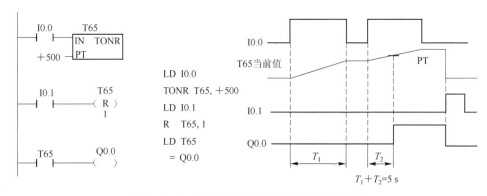

图 2 - 3 - 4　有记忆接通延时定时器应用实例

当 I0.0 接通时，定时器 T65 开始计时，当前值递增，当 I0.0 断开时，当前值保持，当 I0.0 再次接通时，在原记忆值的基础上递增计时，直到当前值大于或等于预置值 5 s 时，输出状态位置 1，Q0.0 有输出。I0.1 接通时，定时器 T65 复位。

任务计划

"友情提醒"：通过资料查询，交流讨论等形式，从任务要求出发，做出任务计划安排。

1. 任务安排

通过三相异步电动机星三角降压启动控制电路，实现电机星型启动，降低启动电流对电网的冲击，然后切换到三角形运行模式，通过启动按钮实现停车等功能。结合任务控制要求，通过小组分析讨论等方式，并罗列完成工作任务的主要内容与方法步骤。例如需要对原继电器控制电路的工作原理进行分析；需要确定 PLC 控制的输入输出点；绘制接线图，并按照接线图完成接线；控制编写调试主要是利用 PLC 编程软件，根据控制要求编写控制程序并完成程序的下载及联合调试等工作任务的分解。将分任务安排到小组个人，确定完成任务所需使用的工具与时间等分配情况（工作计划表）。

任务 1：＿＿＿＿＿＿＿＿＿＿＿＿＿＿＿＿＿＿＿＿＿＿＿＿＿＿＿＿＿＿＿＿＿

任务 2：＿＿＿＿＿＿＿＿＿＿＿＿＿＿＿＿＿＿＿＿＿＿＿＿＿＿＿＿＿＿＿＿＿

任务 3：＿＿＿＿＿＿＿＿＿＿＿＿＿＿＿＿＿＿＿＿＿＿＿＿＿＿＿＿＿＿＿＿＿

任务 4：＿＿＿＿＿＿＿＿＿＿＿＿＿＿＿＿＿＿＿＿＿＿＿＿＿＿＿＿＿＿＿＿＿

任务 5：＿＿＿＿＿＿＿＿＿＿＿＿＿＿＿＿＿＿＿＿＿＿＿＿＿＿＿＿＿＿＿＿＿

任务 6：＿＿＿＿＿＿＿＿＿＿＿＿＿＿＿＿＿＿＿＿＿＿＿＿＿＿＿＿＿＿＿＿＿

工作流程	完成任务的资料、工具或方法	人员安排	时间分配	备注

任务决策

根据实际任务要求，在小组进行任务分解，并制定工作计划的基础上，依据小组团队成员认真讨论研究，阐述任务完成的方法与策略，确定完成工作的方案决策。最终由教师指导、确定方案。（建议分项目任务可以依据计划制决策定）。

决策1：_____

决策2：_____

决策3：·_____

决策4：_____

决策5：_____

决策6：_____

 任务实施

1. 控制要求

Y/△降压启动控制电路的主电路和时序图如图2-3-5所示，其中图2-3-5（a）为主电路，图2-3-5（b）所示为三相异步电动机时序图。要求按下启动按钮SB2时，KM3接通，随后KM1接通，定时器计时，电动机星形（Y形）启动；经过时间 T_1，KM3断开，KM2接通，电动机处于三角形（△形）运行；按下停止按钮SB1，KM1、KM2断开，电动机停止。

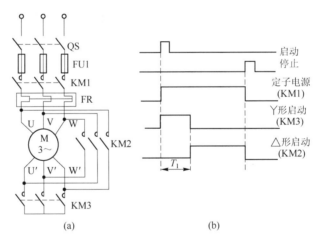

图2-3-5　三相异步电动机 Y/△降压启动控制电路的主电路和时序图

（a）主电路；（b）时序图

2. PLC 的选型

从上面的分析可知电路中有启动、停止、热继电器三个输入，且均为开关量。该电路中有输出信号3个，其中KM1为电源接触器，KM2为三角形接触器，KM3为星形接触器，所以PLC可选用CPU224XP AC/DC/RLY PLC。该PLC拥有14个输入点、10个输出点，满足控制要求，而且还有一定的余量。

3. Y/△降压启动控制电路的 PLC 控制 I/O 点地址分配

Y/△降压启动控制电路的输入有启动按钮、停止按钮和热继电器，PLC控制输入/输出点地址分配见表2-3-3。

表 2 – 3 – 3　PLC 控制输入/输出点地址分配

输入信号			输出信号		
名称	符号	地址	名称	符号	地址
停止按钮	SB1	I0.0	电源接触器	KM1	Q0.0
启动按钮	SB2	I0.1	星形接触器	KM2	Q0.1
热继电器	FR	I0.2	三角形接触器	KM3	Q0.2

4. PLC 控制 Y/△降压启动控制的电路接线图

用 PLC 进行控制的 Y/△降压启动控制电路接线如图 2 – 3 – 6 所示，由于 KM2 和 KM3 不允许同时接通，所以该电路中接了电气互锁。

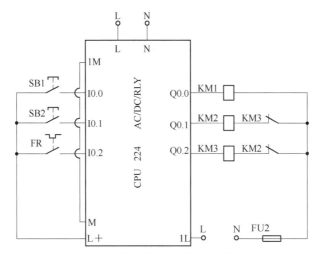

图 2 – 3 – 6　PLC 控制的 Y/△降压启动控制电路接线

5. 程序设计

PLC 控制的 Y/△降压启动控制电路梯形图及指令语句如图 2 – 3 – 7 所示。

按下启动按钮 SB2，I0.0 接通，M0.0 得电自锁，Q0.0 输出，定时器 T37 开始计时，Q0.2 得电，电动机处于星形启动，经过 5 s，定时器 T37 动作，Q0.2 断电，Q0.1 得电，电动机进入三角形运行。

6. 线路安装

线路安装按照先主后辅的顺序，而且一定要套线号。线路安装完后用电阻法检查是否有短路性故障。

7. 通电试车

线路安装检查完后，用 PPI 电缆计算机与 PLC 进行连接，将程序下载到 PLC，运行试车，如有问题，则检查并排除故障。

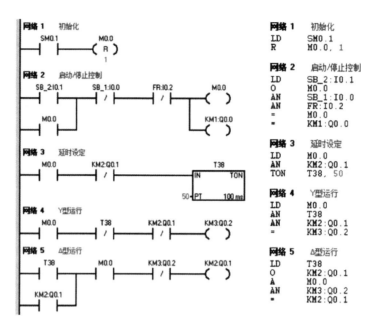

图 2 - 3 - 7　**PLC 控制 Y/△ 降压启动控制电路梯形图及指令语句**

8. 过程记录

结合任务实施过程，将实施过程中的主要内容与遇到的问题点记录在表格中，以便在实施过程中作出调整与分析总结提升。

工作步骤	主要工作内容	完成情况	问题记录

 任务检查

任务完成后，按表 1 - 1 - 3 所示的考核内容与评分标准，对任务进行相关项目的检查评分，作为完成项目情况的重要依据，建议成绩占比本任务的 60%。

表 2 - 3 - 4　任务项目检查表

序号	考核内容	考核要求	评分标准	配分	得分
1	电路设计	1. 根据给定的控制要求，列出 PLC 控制 I/O 口（输入/输出）元件地址分配表； 2. 绘制 PLC 控制 I/O 口（输入/输出）接线图； 3. 设计梯形图；	1. 输入输出地址遗漏或搞错，每处扣 3 分； 2. 梯形图表达不正确或画法不规范，每处扣 3 分； 3. 接线图表达不正确或画法不规范，每处扣 3 分； 4. 指令有错，每条扣 5 分	20	
2	安装与接线	按 PLC 控制 I/O 口（输入/输出）接线图在模拟配线板正确安装，元件在配线板上布置要合理，安装要准确紧固，配线导线要紧固、美观	1. 元件布置不整齐、不合理，每只扣 3 分； 2. 元件安装不牢固、安装元件时漏装固定螺丝，每只扣 3 分； 3. 损坏元件扣 5 分； 4. 布线不美观，每根扣 2 分； 5. 接点松动、露铜过长、反圈、压绝缘层、标记线号不清楚、遗漏或误标，每处扣 2 分； 6. 损伤导线绝缘或线心，每根扣 2 分； 7. 未按 PLC 控制 I/O（输入/输出）接线图接线，每处扣 4 分	30	
3	程序输入、调试及结果答辩	1. 熟练操作 PLC 编程软件，能正确地将所编写的程序下载至 PLC； 2. 按照被控设备的动作要求进行模拟调试，达到设计要求 3. 程序运行结果正确、表述清楚，答辩正确	1. 不能熟练使用编程软件，扣 5 分； 2. 不会熟练进行模拟调试，扣 10 分； 3. 1 次试车不成功扣 10 分，2 次试车不成功扣 20 分； 4. 对运行结果表述不清楚者扣 10 分	30	
4	工具、仪表使用	1. 熟练掌握电工常用工具的使用方法和技巧； 2. 熟练使用万用表等仪器表	1. 工具使用不当扣 5 分； 2. 工具使用不熟练扣 3 分； 3. 仪表使用不正确每次扣 5 分； 4. 仪表使用不熟练扣 3 分	10	
5	安全文明生产	1. 遵守安全生产法规； 2. 遵守实训室使用规定	违反安全生产法规或实训室使用规定每项扣 3 分	10	
备注			合计	100	
老师签字			年　　　月　　　日		

 总结评价

"友情提醒"：对于自我评价、小组评价等，应展示诚信、友善的个人价值观。

评价结论以"很满意、比较满意、还要加把劲"等这种性质评语为好，因为它能更有效地帮助和促进学生的发展。小组成员互评，在你认为合适的地方打勾。

　　组长评价、教师评价均以自我评价为依据，考核采用 A（80～100 分）、B（60～79 分）、C（0～59 分）等级，组长与教师的评价总分各占本任务的 20%。**本任务合计总分为_____。**

项目	评价内容	自我评价		
		很满意	比较满意	还要加把劲
职业素养考核项目	安全意识、责任意识强；工作严谨、敏捷			
	学习态度主动；积极参加教学安排的活动			
	团队合作意识强；注重沟通、互相协作			
	劳动保护穿戴整齐；干净、整洁			
	仪容仪表符合活动要求；朴实、大方			
专业能力考核项目	按时按要求独立完成任务；质量高			
	相关专业知识查找准确及时；知识掌握扎实			
	技能操作符合规范要求；操作熟练、灵巧			
	注重工作效率与工作质量；操作成功率高			
小组评价意见		综合等级	组长签名：	
老师评价意见		综合等级	老师签名：	

任务 4 装调传送带驱动电动机控制电路

 ## 任务目标

1. 能够体现认真严谨的工作学习态度；
2. 了解传送带控制装置的工作过程及控制方式；
3. 掌握传送带驱动电动机控制电路程序的编写方法；
4. 掌握传送带驱动电动机控制电路的 PLC 控制线路安装调试方法。

任务分析

图 2 - 4 - 1 所示为典型的传送带控制装置，其工作过程为：按下启动按钮（I0.0 = 1），运货车到位（I0.2 = 1），传送带（由 Q0.0 控制）开始传送工件。件数检测仪在没有工件通过时，I0.1 = 1；当有工件经过时，I0.1 = 0。当件数检测仪检测到 3 个工件时，推板机（由 Q0.1 控制）推动工件到运货车，此时传送带停止传送。当工件推到运货车上后（行程可以由时间控制）推板机返回，计数器复位，准备重新计数。只有当下一辆运货车到位，并且按下启动按钮后，传送带和推板机才能重新开始工作。

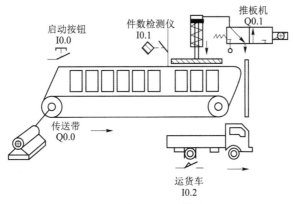

图 2 - 4 - 1 典型的传送带控制装置

分析上述控制过程可知，传送带（Q0.0）启动条件为启动按钮接通（I0.0 = 1）、运货车到位（I0.2 = 1），传送带（Q0.0）停止条件为计数器的当前值等于 3，推板机（Q0.1）的启动条件为计数器的当前值等于 3。

推板机推板的行程由定时器 T37 的延时时间（10 s）来确定，传送带与推板机之间应有互锁控制功能。计数器 C0 的计数脉冲为件数检测仪信号 I0.1 由 1 变为 0，计数器复位信号为推板机启动（Q0.1 = 1）；设定 C0 为增计数器，设定值为 3。

本任务将学习 S7 - 200 PLC 中计数器指令的应用。

 任务咨询

一、计数器指令及应用

1. 计数器指令的格式及功能

计数器指令用来累计输入脉冲的数量。S7 - 200 PLC 的普通计数器有 3 种：增计数器 CTU、减计数器 CTD 和增/减计数器 CTUD，共计 256 个，可根据实际编程的需要，选择不同类型的计数器指令。这些计数器指令的编号为 C0 ~ C255，每个计数器编号只能使用一次。计数器指令的格式如表 2 - 4 - 1 所示。

表 2 - 4 - 1　计数器指令的格式

类型	梯形图 LAD	语句表
增计数器 CTU （Counter Up）	C××× CU　　CTU R PV	CTU C×××，PV
减计数器 CTD （Counter Down）	C××× CD　　CTD LD PV	CTD C×××，PV
增/减计数器 CTUD （Counter Up/Down）	C××× CU　　CTUD CD R PV	CTUD C×××，PV

2. 指令说明

（1）增计数器指令中，CU 为加计数脉冲输入端，R 为复位输入端，PV 为设定值输入端。当加计数脉冲输入端（CU）有一个计数脉冲的上升沿（由 OFF 到 ON）信号时，增计数器被启动，计数值加 1，计数器作递增计数，计数至最大值 32 767 时停止计数。当计数器的当前值等于或大于设定值（PV）时，该计数器位被置位（ON）。复位输入端（R）有效时，计数器被复位，计数器位为 0，并且当前值被清零，也可用复位指令复位计数器。

（2）减计数器指令中，CD 为减计数脉冲输入端，LD 为装载端，PV 为设定值输入端。当减计数脉冲输入端（CD）有一个计数脉冲的上升沿（由 OFF 到 ON）信号时，减计数器被启动，计数器当前值从设定值开始减 1 计数，当前值减到 0 时，计数器状态位被置位（ON），复位输入端（R）有效时，计数器状态位被复位，计数器当前值为设定值。也可用复位指令复位计数器。

（3）增/减计数器指令中，CU 为加计数脉冲输入端，CD 为减计数脉冲输入端，R 为复位输入端，PV 为设定值输入端。执行增/减计数器指令时，只要当前值不小于设定值（PV）时，计数状态位被置位（ON），否则被复位（OFF）。复位输入端（R）有效或执行复位指令时，计数器状态位复位且当前值清零。达到当前值最大值 32 767 后，下一个 CU 输入上升沿将使计数值变为最小值（-32 768）。同样达到最小值（-32 768）后，下一个 CD 输入上升沿将使计数值变为最大值（32 767）。

3. 计数器指令的应用

（1）增计数器应用示例如图 2-4-2 所示。当 R 端常开触点 I0.1 = 1 时，计数器脉冲输入无效；当 R 端常开触点 I0.1 = 0 时，计数器脉冲有效，CU 端常开触点 I0.0 每闭合一次，增计数器 C0 的当前值加 1，当 I0.0 第 3 次闭合时（当前值达到预置值 3），计数器状态位被置位（ON），输出线圈 Q0.0 得电。当 I0.1 闭合时，计数器被复位，其当前值清零，状态位被复位（OFF），输出线圈 Q0.0 失电。

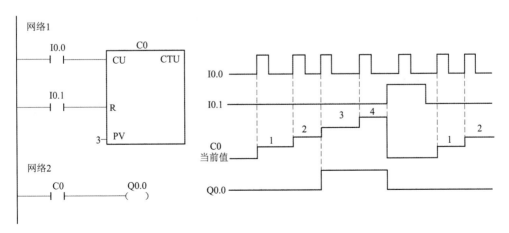

图 2-4-2 增计数器应用实例

（2）减计数器应用示例如图 2 - 4 - 3 所示。当 LD 端常开触点 I0.1 闭合时，减计数器 C5 被启动，其预置值被装载到 C5 当前值寄存器中，C5 状态位被复位（OFF），输出线圈 Q0.0 失电；当 LD 端常开触点 I0.1 断开时，计数器脉冲输入有效，CD 端 I0.0 常开触点每闭合一次，其当前值就减 1，当 I0.0 第 3 次闭合时（当前值减为 0），计数器 C5 的状态位被置位（ON），输出线圈 Q0.1 得电。

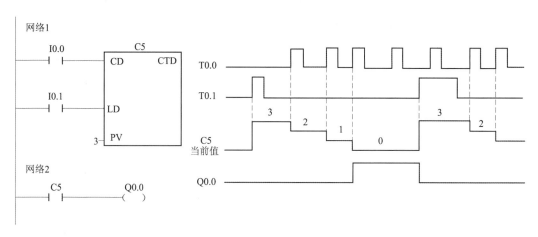

图 2 - 4 - 3　减计数器应用实例

（3）增/减计数器应用示例如图 2 - 4 - 4 所示。当 R 端常开触点 I0.1 断开时，脉冲输入有效，此时 CU 端常开触点 I0.0 每闭合一次，计数器 C10 的当前值就会加 1，CD 端常开触点 I0.2 每闭合一次，计数器 C10 的当前值就会减 1，当 C10 的当前值大于等于 4 时，其状态位被置位（ON），输出线圈 Q0.0 得电；当 R 端常开触点 I0.1 闭合时，C10 的状态位被复位（OFF），输出线圈 Q0.0 失电。

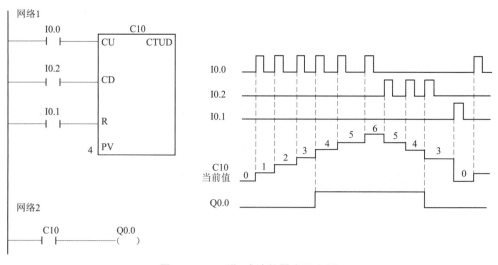

图 2 - 4 - 4　增/减计数器应用实例

4. 定时器指令和计数器指令的应用扩展

（1）定时器延时范围的扩展。在 PLC 中，定时器的延时范围是有限的，单个定时器的最大延时范围为 $32\ 767 \times S$（S 为时基）。当需要延时的时间超过定时器的延时范围时，可通过扩展的方法来扩大定时器的延时范围。

①定时器的串级组合。两个或两个以上定时器的串级组合可实现延时范围的扩展，如图 2-4-5 所示。

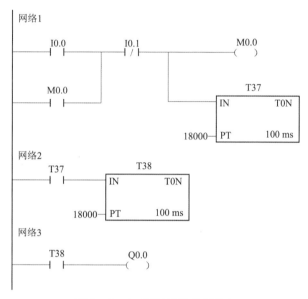

图 2-4-5 定时器的串级组合

I0.0 常开触点闭合，定时器 T37 开始延时，1 800 s 后，定时器 T38 开始延时，1 800 s 后，Q0.0 线圈置位。总计延时时间 $T = 1\ 800 + 1\ 800 = 3\ 600$（s）。由此可见，$n$ 个定时器串级组合，可扩大延时范围为 $T = T_1 + T_2 + \cdots + T_n$。

②定时器与计数器的串级组合。采用定时器与计数器的串级组合，也可实现延时范围的扩大，如图 2-4-6 所示。

I0.0 常开触点闭合，M0.0 线圈置位并自保持。定时器 T37 开始延时，180 s 后，计数器 C0 计数一次，同时定时器 T37 又开始第 2 次 180 s 延时，直到 T37 循环延时 400 次为止，Q0.0 线圈置位。

总计延时时间 $T = 180 \times 400 = 72\ 000$（s）。由此可见，定时器与计数器的串级组合，可扩大延时范围为 $T =$ 定时器的延时时间 $\times$ 计数器的设定值。

（2）计数器计数范围的扩展。

在 PLC 中，计数器的计数范围是有限的，单个计数器的最大计数范围为 32 767。当需要计数的个数超过这个最大值时，可通过计数器串级组合的方法来扩大计数器的计数范围，如图 2-4-7 所示。

此程序中，计数器 C2 设定值为 2 000，计数器 C3 设定值为 4 000，从程序中可以看出，C2 每完成一组 2 000 个脉冲的计数时，C3 的当前值会自动加 1 计数一次，直到 C3 的当前值加到 4 000 为止。此程序的计数总值为 $2\ 000 \times 4\ 000 = 8\ 000\ 000$。

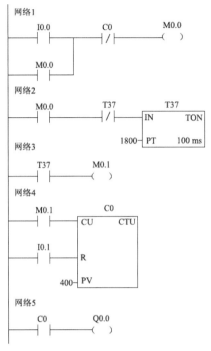

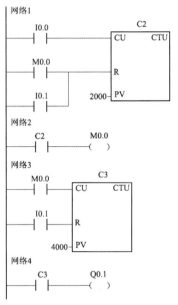

图 2-4-6　定时器与计数器的串级组合　　　图 2-4-7　计数器的串级组合

任务计划

"友情提醒"：通过资料查询，交流讨论等形式，从任务要求出发，做出任务计划安排。

1. 任务安排

通过传送带驱动电机控制电路实现的传送带控制装置，可以将推料机、传动带、数量检测、位置检测等功能结合在一起，形成较为复杂的控制系统。结合相关的任务控制要求，通过小组分析讨论等方式，并罗列完成工作任务的主要内容与方法步骤。例如需要对原继电器控制电路的工作原理进行分析；需要确定 PLC 控制的输入输出点；绘制接线图，并按照接线图完成接线；控制编写调试主要是利用 PLC 编程软件，根据控制要求编写控制程序并完成程序的下载及联合调试等工作任务的分解。将分任务安排到小组个人，确定完成任务所需使用的工具与时间等分配情况（工作计划表）。

任务 1：＿＿＿＿＿＿＿＿＿＿＿＿＿＿＿＿＿＿＿＿＿＿＿＿＿＿＿＿＿＿＿＿＿＿＿

＿＿

任务 2：＿＿＿＿＿＿＿＿＿＿＿＿＿＿＿＿＿＿＿＿＿＿＿＿＿＿＿＿＿＿＿＿＿＿＿

＿＿

任务 3：＿＿＿＿＿＿＿＿＿＿＿＿＿＿＿＿＿＿＿＿＿＿＿＿＿＿＿＿＿＿＿＿＿＿＿

＿＿

任务 4：＿＿＿＿＿＿＿＿＿＿＿＿＿＿＿＿＿＿＿＿＿＿＿＿＿＿＿＿＿＿＿＿＿＿＿

＿＿

任务 5: _____

_____

任务 6: _____

_____

工作流程	完成任务的资料、工具或方法	人员安排	时间分配	备注

任务决策

根据实际任务要求，在小组进行任务分解，并制定工作计划的基础上，依据小组团队成员认真讨论研究，阐述任务完成的方法与策略，确定完成工作的方案决策。最终由教师指导、确定方案。(建议分项目任务可以依据计划制决策定)。

决策 1: _____

决策 2: _____

决策 3: _____

决策 4: _____

决策 5: _____

任务实施

"友情提醒"：由于控制系统的逻辑要求较为复发，请从任务要求出发，编写与调试程序时，需要细心并认真严谨的工作学习态度，作为成功的保障。

(1) 根据控制要求分析输入信号与被控信号，列出 PLC 控制 I/O 点地址分配表，如表 2 – 4 – 2 所示。

表 2 – 4 – 2　PLC 控制 I/O 点地址分配

输入量		输出量	
启动按钮 SB1	I0.0	传送带电动机接触器 KM1	Q0.0
件数检测仪 SQ1	I0.1	推板机电动机接触器 KM2	Q0.1
运货车检测 SQ2	I0.2		

(2) 根据 PLC 控制 I/O 点地址分配表确定的 I/O 数量，确定控制电路选用 CPU224XP AC/DC/RLY PLC，并绘制 I/O 硬件接线图，如图 2 – 4 – 8 所示。

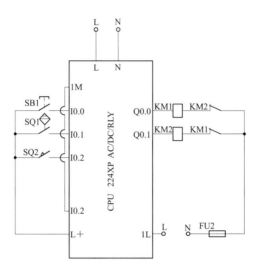

图 2-4-8　I/O 硬件接线图

（3）设计梯形图程序，如图 2-4-9 所示。

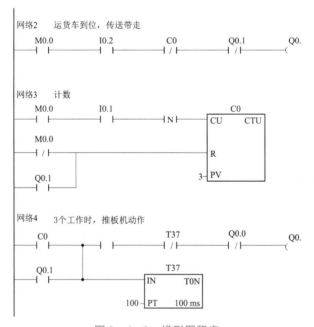

图 2-4-9　梯形图程序

（4）线路安装。线路安装按照先主后辅的顺序，而且一定要套线号。线路安装完后用电阻法检查是否有短路性故障。

（5）通电试车。线路安装检查完后，用 PPI 电缆计算机与 PLC 进行连接，将程序下载到 PLC，运行试车，如有问题，则检查并排除故障。

1. 过程记录

结合任务实施过程，将实施过程中的主要内容与遇到的问题点记录在表格中，以便在实施过程中作出调整与分析总结提升。

工作步骤	主要工作内容	完成情况	问题记录

 任务检查

　　任务完成后，按表2-4-3所示的考核内容与评分标准，对任务进行相关项目的检查评分，作为完成项目情况的重要依据，建议成绩占比本任务的60%。

表2-4-3　任务项目检查表

序号	考核内容	考核要求	评分标准	配分	得分
1	电路设计	1. 根据给定的控制要求，列出PLC控制I/O口（输入/输出）元件地址分配表； 2. 绘制PLC控制I/O口（输入/输出）接线图； 3. 设计梯形图	1. 输入输出地址遗漏或搞错，每处扣3分； 2. 梯形图表达不正确或画法不规范，每处扣3分； 3. 接线图表达不正确或画法不规范，每处扣3分； 4. 指令有错，每条扣5分	20	
2	安装与接线	按PLC控制I/O口（输入/输出）接线图在模拟配线板上正确安装，元件在配线板上布置要合理，安装要准确紧固，配线导线要紧固、美观	1. 元件布置不整齐、不合理，每只扣3分； 2. 元件安装不牢固、安装元件时漏装固定螺丝，每只扣3分； 3. 损坏元件扣5分； 4. 布线不美观，每根扣2分； 5. 接点松动、露铜过长、反圈、压绝缘层，标记线号不清楚、遗漏或误标，每处扣2分； 6. 损伤导线绝缘或线心，每根扣2分； 7. 未按PLC控制I/O（输入/输出）接线图接线，每处扣4分	30	
3	程序输入、调试及结果答辩	1. 熟练操作PLC编程软件，能正确地将所编写的程序下载至PLC； 2. 按照被控设备的动作要求进行模拟调试，达到设计要求； 3. 程序运行结果正确、表述清楚，答辩正确	1. 不能熟练使用编程软件，扣5分； 2. 不会熟练进行模拟调试，扣10分； 3. 1次试车不成功扣10分，2次试车不成功扣20分； 4. 对运行结果表述不清楚者扣10分	30	

续表

序号	考核内容	考核要求	评分标准	配分	得分
4	工具、仪表使用	1. 熟练掌握电工常用工具的使用方法和技巧； 2. 熟练使用万用表等仪器表	1. 工具使用不当扣5分； 2. 工具使用不熟练扣3分； 3. 仪表使用不正确每次扣5分； 4. 仪表使用不熟练扣3分	10	
5	安全文明生产	1. 遵守安全生产法规； 2. 遵守实训室使用规定	违反安全生产法规或实训室使用规定每项扣3分	10	
备注			合计	100	
老师签字				年　　月　　日	

 总结评价

"友情提醒"：对于自我评价、小组评价等，应体现出公平、公正、公开的原则。

评价结论以"很满意、比较满意、还要加把劲"等这种性质评语为好，因为它能更有效地帮助和促进学生的发展。小组成员互评，在你认为合适的地方打勾。

组长评价、教师评价均以自我评价为依据，考核采用 A（80～100 分）、B（60～79 分）、C（0～59 分）等级，组长与教师的评价总分各占本任务的20%。**本任务合计总分为＿＿＿＿＿＿。**

项目	评价内容	自我评价		
		很满意	比较满意	还要加把劲
职业素养考核项目	安全意识、责任意识强；工作严谨、敏捷			
	学习态度主动；积极参加教学安排的活动			
	团队合作意识强；注重沟通、互相协作			
	劳动保护穿戴整齐；干净、整洁			
	仪容仪表符合活动要求；朴实、大方			
专业能力考核项目	按时按要求独立完成任务；质量高			
	相关专业知识查找准确及时；知识掌握扎实			
	技能操作符合规范要求；操作熟练、灵巧			
	注重工作效率与工作质量；操作成功率高			
小组评价意见		综合等级	组长签名：	
老师评价意见		综合等级	老师签名：	

拓展训练 装调CA6140型卧式车床控制电路

车床是一种应用极为广泛的金属切削机床，能够车削外圆面、内圆面、端面、螺纹、切断面及割槽等，并可以装上钻头或铰刀进行钻孔和铰孔等加工。CA6140 型卧式车床的外形及结构如图 2 – 5 – 1 所示。

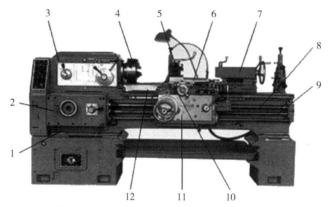

图 2 – 5 – 1　CA6140 型卧式车床外形及结构

1—车身；2—进给箱；3—主轴箱；4—卡盘；5—方刀架；6—小滑板；
7—尾架；8—丝杠；9—光杠；10—横溜板；11—溜板箱；12—纵溜板

一、CA6140 型卧式车床的主要运动形式及控制要求

1. CA6140 型卧式车床的主要运动形式

CA6140 型卧式车床的运动形式主要有以下三种。

（1）主轴运动：工件的旋转运动，由主轴通过卡盘或顶尖带动工件旋转；

（2）进给运动：刀架带动刀具，沿主轴轴线方向的进给运动；

（3）辅助运动：刀架的快速移动及工件的夹紧、放松等。

2. CA6140 型卧式车床的控制要求

（1）主轴电动机选用三相笼型异步电动机；主轴采用齿轮箱进行机械调速；车削螺纹时的主轴正反转靠摩擦离合器实现；主轴电动机的容量不大，可直接启动。

（2）进给运动由主轴电动机拖动，并通过进给箱实现纵向或横向进给。

（3）切削加工时，工件及刀具温度过高时，需要冷却，冷却泵电动机要求在主轴电动机启动后方可启动，而主轴电动机停止时应立即停止。

（4）为提高工作效率，溜板箱（刀架）可快速移动，由单独的快速移动电动机拖动，点动控制，无须正反转和调速。

（5）控制电路具有必要的保护环节和照明装置。

二、CA6140 型卧式车床控制电路分析

CA6140 型卧式车床的控制电路如图 2 - 5 - 2 所示，CA6140 型卧式车床的电气元件功能说明如表 2 - 5 - 1 所示。

1. 主电路分析

主电路共有三台电动机，具体说明为：

M1 为主轴电动机，拖动主轴旋转和刀架做进给运动；

M2 为冷却泵电动机，拖动冷却泵输出切削液；

M3 为快速移动电动机，拖动溜板实现快速移动。

熔断器

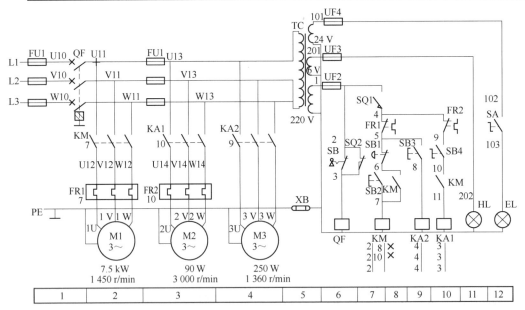

图 2 - 5 - 2　CA6140 型卧式车床控制电路

表 2 - 5 - 1　CA6140 型卧式车床电气元件功能说明

符号	名称	功能说明	符号	名称	功能说明
M1	主轴电动机	主轴及进给传动	SB4	旋钮开关	控制 M2
M2	冷却泵发动机	供切削液	SB	旋钮开关	电源开关锁
M3	快速移动电动机	刀架快速移动	SQ1、SQ2	行程开关	断电保护
FR1	热继电器	M1 过载保护	FU1	熔断器	M2、M3 短路保护
FR2	热继电器	M2 过载保护	FU2	熔断器	控制电路短路保护
KM	交流接触器	控制 M1	FU3	熔断器	信号灯短路保护

符号	名称	功能说明	符号	名称	功能说明
KA1	中间继电器	控制 M2	FU4	熔断器	照明电路短路保护
KA2	中间继电器	控制 M3	HL	信号灯	电源指示
SB1	按钮	停止 M1	EL	照明灯	工作照明
SB2	按钮	启动 M1	QF	低压断路器	电源开关
SB3	按钮	启动 M3	TC	控制变压器	控制电路电源

CA6140 型卧式车床的电源由旋钮开关 SB 和低压断路器 QF 控制。将 SB（在图 2 - 5 - 2 的区 6 中）右旋使其常闭触头断开，QF 线圈失电，之后才能合上 QF 将三相电源接入。若将 SB 左旋，则其常闭触头闭合，QF 线圈通电，断路器跳开，机床断电。

M1 由接触器 KM 控制，热继电器 FR1 作过载保护，断路器 QF 作电路的短路和欠压保护；M2 由中间继电器 KA1 控制，热继电器 FR2 作过载保护；M3 由中间继电器 KA2 控制，由于是点动控制，因此未设过载保护；FU1 为 M2、M3 和控制变压器 TC 的短路保护。

2. 控制电路分析

控制电路的电源由控制变压器 TC 二次侧输出 110V 电压提供。

1）主轴电动机 M1 的控制

M1 的控制由启动按钮 SB2、停止按钮 SB1 和接触器 KM 构成的电动机单向连续运转启动 – 停止电路实现。

启动时，按下 SB2→KM 线圈通电并自锁→ M1 得电单向全压启动，通过摩擦离合器及传动机构拖动主轴正转或反转，以及刀架的直线进给。

停止时，按下 SB1 → KM 线圈失电→ M1 失电停转。

2）冷却泵电动机 M2 的控制

M2 的控制由转换开关 SB4、中间继电器 KA1 构成的电路实现。

主轴电动机启动之后，KM 常开辅助触头闭合，此时接通旋钮开关 SB4，KA1 线圈通电，M2 得电全压启动。

停止时，断开 SB4 或使主轴电动机 M1 停转，则 KA1 断电，使 M2 失电停转。

3）快速移动电动机 M3 的控制

M3 由按钮 SB3 和中间继电器 KA2 等构成的点动控制电路控制。

操作时，先将快慢速进给手柄扳到所需移动方向，即可接通相关的传动机构，再按下 SB3，即可实现该方向的快速移动。

3. 照明、信号电路分析

控制变压器 TC 的二次侧分别输出 24 V 和 6 V 电压，作为车床低压照明灯和信号灯的电源。EL 为车床的照明灯，由开关 SA 控制；HL 为电源信号灯。它们分别由 FU4 和 FU3 作为短路保护。

4. 保护环节

（1）电路电源开关是带有开关锁 SB 的低压断路器 QF。机床接通电源时需用钥匙开关操作，再合上 QS，增加了安全性。

（2）打开机床配电盘壁龛门，自动切除机床电源的保护。配电盘壁龛门上装有安全行程开关 SQ2，当打开配电盘壁龛门时，SQ2 的触头闭合，使低压断路器 QF 线圈通电而自动跳闸，断开电源，确保人身安全。

（3）机床床头皮带罩处设有安全行程开关 SQ1，当打开皮带罩时，SQ1 的触头断开，将接触器 KM、KA1、KA2 线圈电路切断，电动机将全部失电停转，确保了人身安全。

（4）为满足打开机床控制配电盘壁龛门进行带电检修的需要，可将 SQ2 行程开关传动杆拉出，使 SQ2 的触头断开，此时 QF 线圈断电，QF 开关仍可合上。带电检修完毕，关上壁龛门后，将 SQ2 开关传动杆复位，SQ2 保护照常起作用。

任务实施

1. I/O 点地址分配

根据 CA6140 型卧式车床的控制要求，确定 PLC 控制 I/O 点地址分配情况，如表 2 – 5 – 2 所示。

表 2 – 5 – 2　PLC 控制 I/O 点地址分配表

输入信号			输出信号		
输入元件名称	代号	输入点编号	输入元件名称	代号	输入点编号
主轴电动机 M1 停止按钮	SB1	I0.0	接触器	KM	Q0.0
主轴电动机 M1 启动按钮	SB2	I0.1	中间继电器（泵）	KA1	Q0.1
刀架快移电动机 M3 点动按钮	SB3	I0.2	中间继电器（刀架）	KA2	Q0.2
冷却泵电动机 M2 旋钮开关	SB4	I0.3			
过载保护热继电器（M1）	FR1	I0.4			
过载保护热继电器（M2）	FR2	I0.5			

2. 绘制 PLC 控制接线图

CA6140 型卧式车床 PLC 控制电气接线如图 2 – 5 – 3 所示。

3. 设计梯形图程序，如图 2 – 5 – 4 所示。

4. 线路安装

线路安装按照先主后辅的顺序，而且一定要套线号。线路安装完后用电阻法检查是否有短路性故障。

5. 通电试车

线路安装检查完后，用 PPI 电缆计算机与 PLC 进行连接，将程序下载到 PLC，运行试车，如有问题，则检查并排除故障。

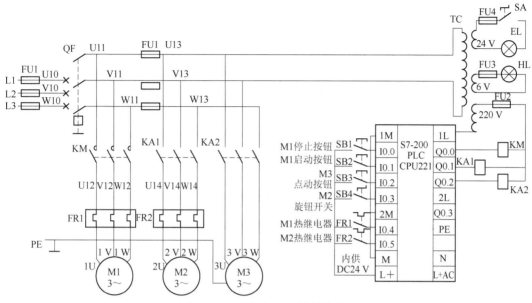

图 2 – 5 – 3　车床 PLC 控制接线图

网络1

| M1启动 | M1停止 | FR1触点 | FR2触点 | KM(M1) |
| I0.1 | I0.0 | I0.4 | I0.5 | Q0.0 |

Q0.0

网络2

Q0.0　M2启动 I0.3　I0.4　I0.5　KA1(M2) Q0.1

网络3

M3点动 I0.2　I0.4　I0.5　KA2(M3) Q0.2

图 2 – 5 – 4　CA6140 型卧式车床 PLC 控制梯形图

新知识新技术　基于 S7 – 1200PLC 的三相异步

电机控制星 – 三角降压启动控制

项目三
装调顺序控制电路

【项目描述】

用经验法设计梯形图时，没有一套相对固定的容易掌握的设计方法可以遵循，特别是在设计较复杂的系统时，需要用大量的中间单元完成记忆、联锁等功能。由于需考虑的因素太多，且这些因素又往往交织在一起，给编程带来许多困难。那么有没有办法化解这些交织因素，使编程变得容易呢？

顺控编程的基本思想是将系统的一个控制过程分为若干个顺序相连的阶段，这些阶段称为步，也称为状态，并用编程元件来代表它。步的划分主要根据输出量的状态变化。在一步内，一般来说，输出量的状态不变，相邻两步的输出量状态则是不同的。步的这种划分方法使代表各步的编程元件与各输出量间有着极明确的逻辑关系。

通过本项目的学习与训练，能够让学生知道什么是顺控系统，什么是顺序流程图，以及顺序功能图有哪几种结构形式，各有什么特点；能够正确分析顺控任务，并根据控制要求正确设计顺序功能图；能够熟练运用 LAD 语言编写顺序功能图，并能解决一些复杂的自动控制设计。

【项目应用场景】

某公司车间内由于电气和机械设备老化，急需对设备进行改造。趁着这次改造的机会，为提高设备的自动化程度和公司的生产效率，技术人员决定对部分需要自动化程度更高的设备进行 PLC 控制改造，以替代原有复杂的继电器控制。其最主要的是对以下几类设备进行 PLC 控制改造：三级传送带启停控制电路的 PLC 控制改造；材料分拣控制电路的 PLC 控制改造；专用钻床的 PLC 控制改造；组合机床的 PLC 控制改造。

【项目分析】

用 PLC 对继电器控制电路进行改造主要分为硬件接线和软件程序编程两部分，硬件接线主要是对原继电器控制电路的工作原理进行分析，确定 PLC 控制的输入/输出点，并绘制接线图，按照接线图完成实物接线；软件编程主要是利用 PLC 编程软件，根据控制要求编写控制程序及程序的下载调试等。由于本次改造的设备运行过程比较复杂，经验设计法已不再适应 PLC 程序的编写，故采用顺序控制的编程方法进行 PLC 编程。

本项目运用 S7 – 200 PLC 进行改造。

【相关知识和技能目标】

1. 顺序功能图的基本概念及构成规则。
2. 顺序控制继电器 S 的定义及功能。
3. 理解单流程、选择性分支流程、并行分支流程顺序功能图的绘制方法。
4. 了解顺序控制程序的编程技巧，会使用顺序控制指令设计编写程序。
5. 理解顺序控制指令的用法，掌握顺序功能图与梯形图之间的转换。
6. 理解三级传送带启停控制电路的控制要求、工作流程。
7. 会使用顺序控制指令实现三级传送带启停控制。
8. 理解材料分拣控制电路的控制要求、工作流程。
9. 会使用顺序控制指令实现材料分拣控制电路的控制。
10. 理解专用钻床的 PLC 控制要求、工作流程。
11. 会使用顺序控制指令实现专用钻床的 PLC 控制。
12. 能够紧跟技术进步的发展态势，提升专业技能。
13. 能够以认真严谨的敬业精神践行技术改造。
14. 能够在技术改造中体会青年强则国强的进取精神。

任务1　装调三级传送带启停控制电路

传送带又称带式输送机，是组成有节奏流水作业线所不可缺少的经济型物流输送设备。传送带输送能力强、输送距离远、运行高速平稳、噪声低、结构简单，并可以上下坡传送，能方便地实行程序化控制和自动化操作，特别适合一些散碎原料及不规则物品的输送，在煤炭、采砂、食品、烟草、物流等生产领域应用非常普遍。对于多个流程工艺的生产线一般需要多级传送带，为了防止物料的堆积，多级传送带在正常启动时需按物流方向逆向逐级启动，正常停机时则按物流方向顺向逐级停机，故障停机时，故障点之前的传送带应立即停机，故障点之后的传送带应按物流方向顺向逐级停机。传送带的控制要求如下。

图3－1－1所示为由3条传送带组成的三级传送带，要求按下启动按钮后，首先3#传送带开始工作，5 s后2#传送带自动启动，再过5 s后1#传送带自动启动。按停止按钮后，停机的顺序与启动的顺序相反，间隔为10 s，但未启动的传送带不必执行停机动作。例如：若只有3#和2#被启动，按动停止按钮后则只执行2#→3#停机动作。

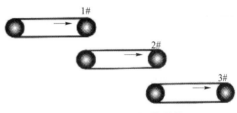

图3－1－1　三级传送带

任务目标

1. 理解顺序功能图的基本概念及构成规则；
2. 理解顺控继电器S的定义，掌握顺控继电器S可作为通用辅助继电器使用的功能；
3. 会使用单流程顺序控制指令设计编写程序，了解顺序控制程序的编程技巧；
4. 会将状态转移图转换成梯形图；
5. 理解三级传送带启停控制电路的控制要求、工作流程，会进行故障分析及排除；
6. 会使用顺序控制指令实现三级传送带启停控制电路；
7. 能够紧跟技术进步的发展态势，提升专业技能。

任务分析

在企业生产过程中，需要完成三级传送带启停控制电路改造装调任务，首先需要理解顺序功能图的基本概念及构成规则。其次需要理解顺控继电器S的定义，掌握顺控继电器S可作为通用辅助继电器使用的功能。会使用单流程顺序控制、选择分支指令设计编写程序，了解顺序控制程序的编程技巧。最后确定输入/输出点数并合理分配PLC的软元件，会将状态转移图转换成梯形图，按照接线图完成PLC控制系统的硬件安装。

 任务咨询

一、顺序控制系统

1. 顺序控制

所谓顺序控制，就是按照生产工艺预先规定的流程，在各种输入信号的作用下，使生产过程的各执行机构能够自动而有序地工作。以图3-1-2所示的具有预备、钻、铣和终检4个工位的加工生产线控制为例，该生产线工作过程如下。

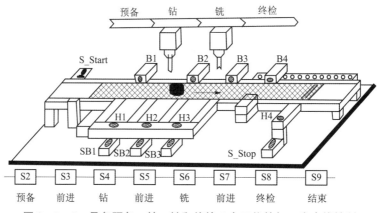

图3-1-2 具备预备、钻、铣和终检4个工位的加工生产线控制

在初始状态S1（图中未示出）下，按启动按钮，则生产线开始工作（步S2）；如果在预备工位放置一个工件（B1动作），则传送带运行将工件向下一站传送（步S3）；如果工件被传送到钻加工站（B2动作），则对工件进行5 s钻加工（步S4）；如果钻加工时间到（T1定时到），则传送带继续运行并将工件向下一站传送（步S5）；如果工件被传送到铣加工站（B3动作），则对工件进行4 s铣加工（步S6）；如果铣加工时间到（T2定时到），则传送带继续运行并将工件向下一站传送（步S7）；如果工件被传送到终检站（B4动作），则对工件进行2 s终检（步S8）；如果终检完毕（T3定时到），则一个工件的加工流程结束（步S9）。如果在预备工位上再放置一个工件，将开始下一个工件的检测流程，并如此循环。

从以上描述可以看出，加工过程由一系列步或功能组成，这些步或功能按顺序由转换条件激活，这样的控制就是顺序控制，即传统方法中采用步进传动装置或定时盘来实现的控制过程。

2. 顺序控制系统结构

如图3-1-3所示，一个完整的顺序控制系统由4部分组成：方式选择，顺控器，命令输出，故障信号和运行信号。

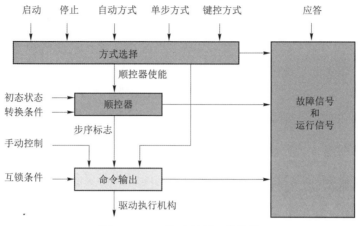

图 3 - 1 - 3 顺序控制系统结构

1）方式选择

在方式选择部分主要处理各种运行方式的条件和封锁信号。运行方式在操作台上通过选择开关或按钮进行设置和显示。设置的结果形成使能信号或封锁信号，并影响顺控器和命令输出部分的工作。基本的运行方式有以下几种。

自动方式：在该方式下，系统将按照顺控器中确定的控制顺序，自动执行各控制环节的功能，一旦系统启动后就不再需要操作人员的干预，但可以进行相应的停止和急停操作。

单步 方式：在该方式下，系统则依据控制按钮，在操作人员的控制下，一步一步地完成整个系统的功能，但并不是每一步都需要操作人员确认。

键控方式：在该方式下，各执行机构（输出端）动作需要由手动控制实现，不需要PLC 程序。

2）顺控器

顺控器是顺序控制系统的核心，是实现按时间、顺序控制工业生产过程的一个控制装置。这里所讲的顺控器专指用 LAD 语言编写的一段 PLC 控制程序，使用顺序功能图描述控制系统的控制过程、功能和特性。

3）命令输出

命令输出部分主要实现顺序控制系统各控制步的具体功能，如钻、铣、终检等。

4）故障信号和运行信号

故障信号和运行信号部分主要处理顺序控制系统运行过程中的故障及运行状态，如当前系统工作于哪种方式、已经执行到哪一步、工作是否正常等。

二、功能流程图的简介

功能流程图是按照顺序控制的思想，根据工艺过程、输出量的状态变化，将一个工作周期划分为若干顺序相连的步。在任何一步内，各输出量的 ON/OFF 状态不变，但是相邻两步输出量的状态是不同的。所以，可以将程序的执行分成各个程序步，通常用顺序控制继电器的位 S0.0 ~ S31.7 代表程序的状态步。使系统由当前步进入下一步的信号称为转换条件，又称步进条件。转换条件可以是外部的输入信号，如按钮、指令开关、限位开关的接通/断开等；也可以是程序运行中产生的信号，如定时器、计数器常开触点的接通等；还可能是若干个信号的逻辑运算的组合。

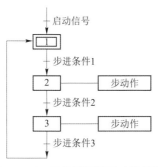

图 3 – 1 – 4   三步循环步进功能流程图

一个三步循环步进的功能流程图如图 3 – 1 – 4 所示，功能流程图中的每个方框代表一个状态步，如图中 1、2、3 分别代表程序 3 步状态。与控制过程初始状态相对应的步称为初始步，用双线框表示，初始步可以没有步动作或者在初始步进行手动复位的操作。可以分别用 S0.0、S0.1、S0.2 表示上述的三个状态步，程序执行到某步时，该步状态位置 "1"，其余为 "0"。例如执行第一步时，S0.0 = 1，而 S0.1、S0.2 全为 "0"。每步所驱动的负载，称为步动作，用方框中的文字或符号表示，并用线将该方框和相应的步相连。状态步之间用有向连线连接，表示状态步转移的方向，当有向连线上没有箭头标注时，方向为自上而下、自左而右。有向连线上的短线表示状态步的转换条件。

三、顺序功能图的结构

顺序功能图（Sequential Function Chart，SFC）是 IEC 标准编程语言，用于编制复杂的顺序控制程序，其编程规律性强，很容易被初学者接受，对于有经验的电气工程师，也会大大提高工作效率。

1. 顺序功能图

设上述生产线当一个工件处理结束后，才允许放入下一个工件，也就是说传送带上只能有一个工件。这样的顺序工作过程可用图 3 – 1 – 5 进行描述，这种图称为顺序功能图。顺序功能图由一系列的步（S）、每步的转移条件及步的动作命令 3 部分组成。

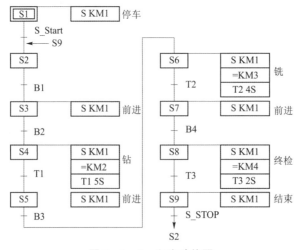

图 3 – 1 – 5   顺序功能图

1）步

步（S）表示与生产流程对应的工艺过程，用 S1、S2、S3 表示，可以不按顺序使用。其中 S1 一般用来表示初始步，用双线框绘制，代表系统处于等待命令的相对静止状态。每一个顺序功能图至少应有一个初始步，系统在开始运行之前，首先应进入规定的初始步。

2）转移条件

转移条件是由当前步（如 S2）到下一步（如 S3）转移的条件（如 B1）。当转移条件满足时，自动从当前步跳到下一步（关闭当前步，激活下一步）。转移条件在当前步下面，用短水平线（若有斜线则表示取反）引出并放置在线的右边（用 S7 GRAPH 编程时则放在左边）。如 S2 的转移条件为 B1，在 S2 被激活的情况下，若 B1 = 1，则关闭 S2，同时激活 S3。

步的转移不一定按顺序进行，根据工艺要求，在条件满足时也可以从当前步直接跳到当前步前面的某一步。如在 S9 被激活的情况下，若停止按钮未按下，则直接从 S9 跳到 S2。

3）动作命令

动作命令放在步序框的右边，表示与当前步有关的操作，一般采用输出类指令（如输出、置位、复位等）。步相当于这些指令的子母线，这些动作命令平时不被执行，只有当对应的步被激活时才被执行。

2. 顺序功能图的结构类型

顺序功能图按结构可分为单流程、选择分支流程和并进分支流程。

1）单流程

如图 3-1-6（a）所示，从头到尾只有一条路可走（一个分支）的流程称为单流程，一般做成循环单流程。

2）选择分支流程

如图 3-1-6（b）和图 3-1-6（c）所示，流程中存在多条路径，而只能选择其中一条路径来走，这种流程称为选择分支流程，具有"自动"和"手动"两种操作模式的顺控器一般设计成选择分支流程。

选择分支流程的执行：以图 3-1-6（b）为例，Sn、$S(n+1)$ 所在的分支和 $S(n+2)$、$S(n+3)$ 所在的分支为一对选择分支。$S(n-1)$ 步的转移条件分别在各个分支中。在 $S(n-1)$ 被激活的状态下，若 $T(n-1)$ 先有效，则执行 Sn、$S(n+1)$ 所在分支，此后即使 $\overline{T(n-1)}$ 有效也不再执行 $S(n+2)$、$S(n+3)$ 所在分支；若 $\overline{T(n-1)}$ 先有效，则执行 $S(n+2)$、$S(n+3)$ 所在分支，此后即使 $T(n-1)$ 有效也不再执行 Sn、$S(n+1)$ 所在分支。

选择分支流程的汇合：以图 3-1-6（b）为例，对于选择分支流程，被选择分支［假设为 Sn、$S(n+1)$ 所在分支］的最后一个步［$S(n+1)$］被激活后，只要其转移条件满足［$T(n+1)$ 有效］，就从汇合处跳出进入下一步［$S(n+4)$］，而不再考虑其他分支是否被执行。

3）并进分支流程

如图 3-1-6（d）所示，流程中若有多条路径且必须同时执行，这种流程称为并进分支流程。在各个分支都执行完后，才能继续往下执行，这种有等待功能的汇合方式，称为并进汇合。

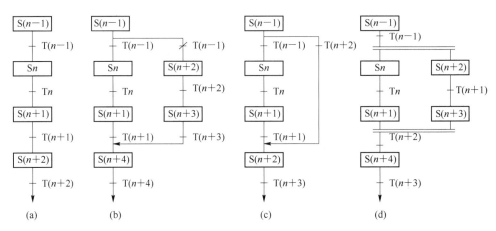

图 3 - 1 - 6　顺序功能图的结构类型

（a）单流程；（b）选择分支流程1；（c）选择分支流程2；（d）并进分支流程

需要同时完成两种或两种以上工艺过程的顺序控制任务，必须采用并进分支流程。对于如图 3 - 1 - 6（d）所示的控制任务，如果要求工件可以连续不断地传送，则在钻、铣、终检 3 个工位上需要同时对 3 个工件分别执行钻、铣、终检操作，设计这类顺序控制系统就必须采用并进分支流程。

并进分支流程的执行：以图 3 - 1 - 6（d）为例，Sn、S（$n+1$）所在的分支和 S（$n+2$）、S（$n+3$）所在的分支为一对并进分支。在步 S（$n-1$）处，转移条件汇集于分支之前，在 S（$n-1$）被激活的状态下，若转移条件满足"T（$n-1$）有效"，则 2 个分支同时被执行。

并进分支流程的汇合：以图 3 - 1 - 6（d）为例，只有当 Sn、S（$n+1$）所在的分支和 S（$n+2$）、S（$n+3$）所在的分支全部执行完毕后，才进行汇合，执行分支外部的状态步 S（$n+4$）。

四、简单流程的编程方法

在 STEP 7 - Micro/Win 环境下，顺序功能图既可以用步进指令进行编程，也可以用梯形图编程。梯形图编程是一种通用的编程方法，适用于各种厂家各种型号的 PLC，是 PLC 工程技术人员必须掌握的编程方法。

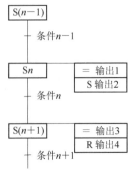

图 3 - 1 - 7　单流程的顺序
功能图示例

单流程的顺序功能图示例如图 3 - 1 - 7 所示。

以图 3 - 1 - 7 所示的单流程顺序功能图为例，顺序功能图的每一步用梯形图编程时都需要用两个程序段来表示，第 1 个程序段实现从当前到下一步的转换，第 2 个程序段实现转换以后的步功能（命令）。一般用一系列的位存储器（如 M0.0、M0.1）分别表示顺序功能图的各步。要实现步的转换，就要用当前步及其转换条件的逻辑输出去置位下一步，同时复位当前步，对应的梯形图如图 3 - 1 - 8 所示。

步的输出逻辑部分可根据设备工艺要求采用一般的输出指令（如输出 1、输出 3）或保持性的置位指令（如输出 2）及复位指令（如输出4）。

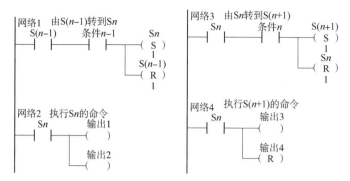

图 3 – 1 – 8 单流程示例的梯形图

五、程序控制指令

S7 – 200 PLC 的程序控制指令包括循环指令、跳转指令、顺序控制（顺控）指令及诊断指令等，如表 3 – 1 – 1 所示。

表 3 – 1 – 1 程序控制指令

指令（STL）	LAD	FBD	指令（STL）	LAD	FBD
循环指令（FOR）	FOR EN ENO INDX INIT FINAL	FOR ENO EN INDX INIT FINAL	LED 诊断指令（DLED）	DIAG-LED EN ENO IN	DIAG-LED EN ENO IN
循环指令（NEXT）	—（NEXT）	NEXT	顺序步开始指令（LSCR）	n SCR	n SCR
标号指令（LBL）	LBL	LBL	顺序步转移指令（SCRT）	n —（SCRT）	n SCRT
跳转指令（JMP）	（JMP）	JMP	顺序步结束指令（SCRE）	—（SCRE）	SCRE
条件结束指令（END）	—（END）	END	子程序条件返回指令（CRET）	—（RET）	RET
看门狗复位指令（WDR）	—（WDR）	WDR	停止模式切换指令（STOP）	（STOP）	STOP

1. FOR…NEXT 循环指令

对于 FOR…NEXT 循环指令中的 FOR 指令和 NEXT 指令必须配对使用，并允许嵌套使用，最多允许嵌套深度为 8 次。FOR 指令中的 INDX 为循环变量，INIT 为循环初值，FINAL 为循环结束值。FOR…NEXT 循环执行 FOR 指令与 NEXT 指令之间的指令，每执行一次循环，循环变量（INDX）在初值（INIT）的基础上自动加1，当循环变量（INDX）的值大于结束值（FINAL）时，则结束循环。FOR…NEXT 循环指令应用实例如图 3 – 1 – 9 所示。

示例中，当 I0.0 = 1 时，进入外循环，并循环执行"网络 1"和"网络 6"6 次；当 I0.1 = 1 时，进入内循环，每次外循环、内循环都要循环执行"网络 3"和"网络 4"8 次。

如果 I0.1 = 0，在执行外循环时，则跳过"网络 2"至"网络 4"。

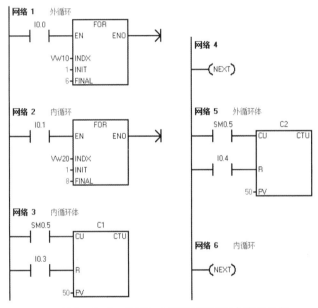

图 3 – 1 – 9　FOR…NEXT 循环指令应用示例

2. 跳转指令与标号指令

跳转指令（JMP）必须与标号指令（LBL）配合使用，当跳转指令（JMP）的条件为真时，程序将由当前位置直接跳转到标号指令（LBL）所指向的位置执行。跳转指令（JMP）可以在主程序或子程序中应用，但不能从主程序跳到子程序，或从子程序跳到主程序，也不能从一个子程序跳到另一个子程序。在 SCR 段中也可以使用跳转指令（JMP），但对应的相应的标号指令（LBL）必须位于相同的 SCR 段内。跳转指令与标号指令应用示例如图 3 – 1 – 10 所示，当 M0.0 = 1 时，则从"网络 1"直接跳转到"网络 5"。

图 3 – 1 – 10　跳转指令与标号指令应用示例

3. 子程序条件返回指令

子程序条件返回指令（CRET）应用于子程序中，当条件满足时，子程序可以提前从调用该子程序的其他程序中返回。该指令为可选指令，用户在编写子程序时可以不使用该指令，STEP 7 – Micro/ Win 在编译时自动在子程序的结尾位置添加无条件子程序返回指令。子程序条件返回指令应用示例如图 3 – 1 – 11 所示。

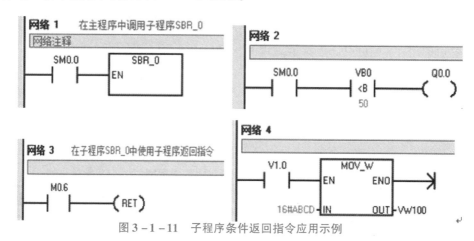

图 3 – 1 – 11　子程序条件返回指令应用示例

4. 条件结束指令

条件结束指令（END）只能应用在主程序中，不能在子程序或中断子程序中使用。当条件为真时，该指令可终止程序的执行。该指令为可选指令，STEP 7 – Micro/Win 在编译时自动在主程序的结尾添加一条无条件结束指令。条件结束指令应用示例如图 3 – 1 – 12 所示。

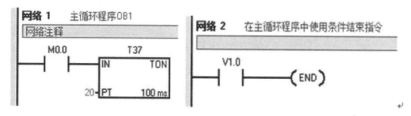

图 3 – 1 – 12　条件结束指令应用示例

5. 停止模式切换指令

停止模式切换指令（STOP）为条件指令，一般将诊断故障信号作为条件，当条件为真时，则将 PLC 切换到停止模式，以保护设备或人身安全。停止模式切换指令应用示例如图 3 – 1 –13所示。

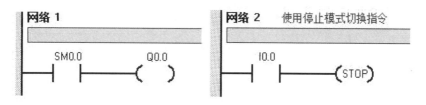

图 3 – 1 – 13　停止模式切换指令应用示例

6. 看门狗复位指令

PLC 在正常执行时, 操作系统会周期性地对看门狗监控定时器进行复位, 如果用户程序有一些特殊的操作需要延长看门狗定时器的时间, 则可以使用看门狗复位指令 (WDR)。该指令不可滥用, 如果使用不当会造成系统严重故障, 如无法通信、输出不能刷新等。

7. LED 诊断指令

LED 诊断指令 (DLED) 可用来设置 S7 – 200 PLC 中 CPU 上的 LED 状态。如果输入参数 IN 为 "0", 则诊断 LED 会被设置为不发光; 如果输入参数 IN 大于 "0", 则诊断 LED 会被设置为发光 (黄色)。在 STEP 7 – Micro/Win 的系统块内, 可以对 S7 – 200 PLC 中 CPU 上标记为 "SF/DIAG" 的 LED 进行配置, 系统块的 LED 配置选项如图 3 – 1 – 14 所示。

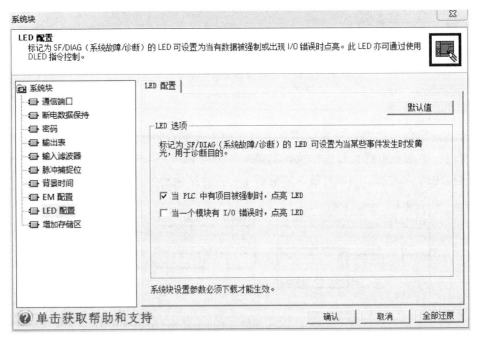

图 3 – 1 – 14　LED 配置选项

如果勾选 "当 PLC 中有项目被强制时, 点亮 LED" 复选按钮, 则当 DLED 指令的 IN 参数大于 "0" 或有 I/O 点被强制时发黄光。如果勾选 "当一个模块有 I/O 错误时, 点亮 LED" 复选按钮, 则标记为 "SF/DIAG" 的 LED 在某模块有 I/O 错误时发光。如果取消这两个配置选项, 就会让 DLED 指令独自控制标记为 "SF/DIAG" 的 LED。CPU 系统故障 (SF) 用红光表示。

LED 诊断指令应用示例如图 3 – 1 – 15 所示。

8. 顺序控制指令

顺序控制用 3 条指令描述程序的顺序控制步进状态, 指令格式如表 3 – 1 – 2 所示。

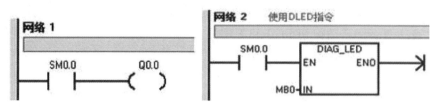

图 3 - 1 - 15 LED 诊断指令应用示例

表 3 - 1 - 2 顺序控制指令格式

LAD	STL	功能说明
n SCR	LSCR	顺序步开始指令：步开始的标志，该步的状态元件 S 的位置 1 时，执行该步
—（SCRE）	SCRT	顺序步转移指令：使能有效时，关断本步，进入下一步。该指令由转换条件的接点启动，n 为下一步的顺序控制状态元件
n —（SCRT）	SCRE	顺序步结束指令：步结束的标志

（1）顺序步开始指令（LSCR - Load Sequence Control Relay）：顺序控制继电器位 SX. Y = 1 时，该程序步执行。

（2）顺序步结束指令（SCRE - Sequence Control Relay End）：顺序步结束由 LSCR 开始到 SCRE 的顺序控制程序段的工作。

（3）顺序步转移指令（SCRT - Sequence Control Relay Transition）：使能输入有效时，将本顺序步的顺序控制继电器位清零，下一步顺序控制继电器位置"1"。

在使用顺序控制指令时应注意：

（1）步进控制指令 SCR 只对状态元件 S 有效，为了保证程序的可靠运行，驱动状态元件 S 的信号应采用短脉冲；

（2）当输出需要保持时，可使用 S/R 指令；

（3）不能把同一编号的状态元件用在不同的程序中，如在主程序中使用 S0.1，则不能在子程序中再使用；

（4）在 SCR 段中不能使用 JMP 和 LBL 指令，即不允许跳入或跳出 SCR 段，也不允许在 SCR 段内跳转，可以使用跳转和标号指令在 SCR 段周围跳转；

（5）不能在 SCR 段中使用 FOR、NEXT 和 END 指令。

六、单序列的编程方法

图 3 - 1 - 16 所示为小车运动的示意图、顺序功能图和梯形图。设小车在初始位置时停在左边，限位开关 I0.2 为"1"状态。当按下启动按钮 I0.0 后，小车向右运行，运动到位压右限位开关 I0.1 后，停在该处，3s 后开始左行，左行到位压左限位开关 I0.2 后返回初始步，停止运行。根据 Q0.0 和 Q0.1 状态的变化可知，一个工作周期可

以分为左行、暂停和右行三步，另外还应设置等待启动的初始步，并分别用 S0.0～S0.3 来代表这四步。启动按钮 I0.0 和限位开关的常开触点、T37 延时接通的常开触点是各步之间的转换条件。

在设计梯形图时，用 LSCR 和 SCRE 指令作为 SCR 段的开始和结束指令。在 SCR 段中用 SM0.0 的常开触点来驱动在该步中应为"1"状态的输出点的线圈，并用转换条件对应的触点或电路来驱动转到后续步的 SCRT 指令。

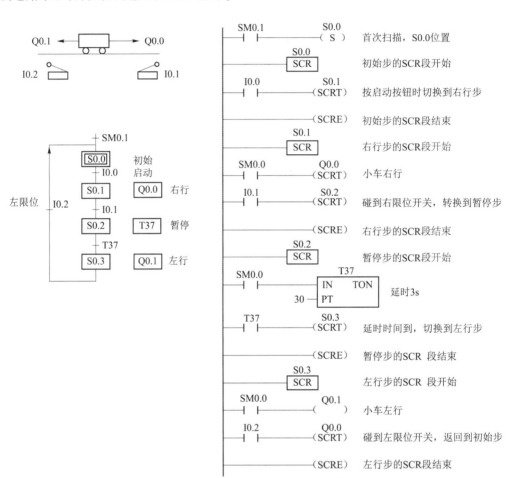

图 3－1－16　小车运动的示意图、顺序功能图和梯形图

七、应用举例

编写十字路口交通灯循环显示控制的程序。控制要求为：

（1）设置一个启动按钮 SB1、循环开关 SB2；

（2）当按下 SB1 后，交通灯控制系统开始工作；

（3）首先南北红灯亮，东西绿灯亮；

（4）按下循环开关 SB2 后，信号控制系统循环工作，否则信号系统停止，所有的信号灯灭。十字路口交通灯循环显示控制的示意图及时序图如图 3－1－17 所示。

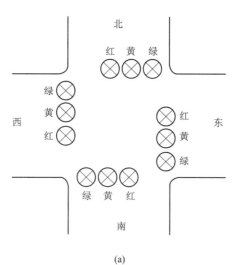

(a)

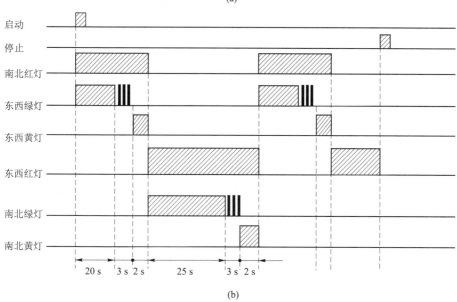

(b)

图 3 - 1 - 17　十字路口交通灯循环显示控制的示意图及时序图

（a）示意图；（b）时序图

（1）I/O 点地址分配。根据控制要求，列出十字路口交通灯循环显示控制的 PLC 控制 I/O 点地址分配，如表 3 - 1 - 3 所示。

表 3 - 1 - 3　PLC 控制 I/O 点地址分配表

输入信号			输出信号		
PLC 地址	电气符号	功能说明	PLC 地址	电气符号	功能说明
I0.1	SB1	启动按钮，常开	Q0.0	HL1	南北绿灯
I0.2	SB2	循环开关，常开	Q0.1	HL2	南北黄灯
			Q0.2	HL3	南北红灯

续表

输入信号			输出信号		
PLC 地址	电气符号	功能说明	PLC 地址	电气符号	功能说明
			Q0.3	HL4	东西绿灯
			Q0.4	HL5	东西黄灯
			Q0.5	HL6	东西红灯

（2）十字路口交通灯循环显示控制的 PLC 外部接线图如图 3 – 1 – 18 所示。

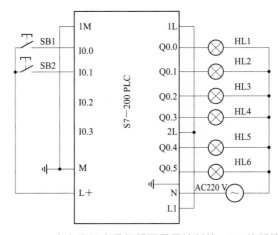

图 3 – 1 – 18　十字路口交通灯循环显示控制的 PLC 外部接线图

（3）程序设计。根据控制要求，画出十字路口交通灯循环显示控制的程序流程如图 3 – 1 – 19 所示。根据程序流程图设计出的梯形图如图 3 – 1 – 20 所示。

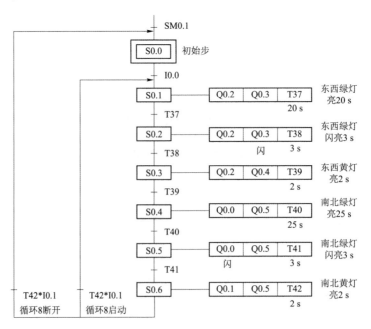

图 3 – 1 – 19　十字路口交通灯循环显示控制的程序流程图

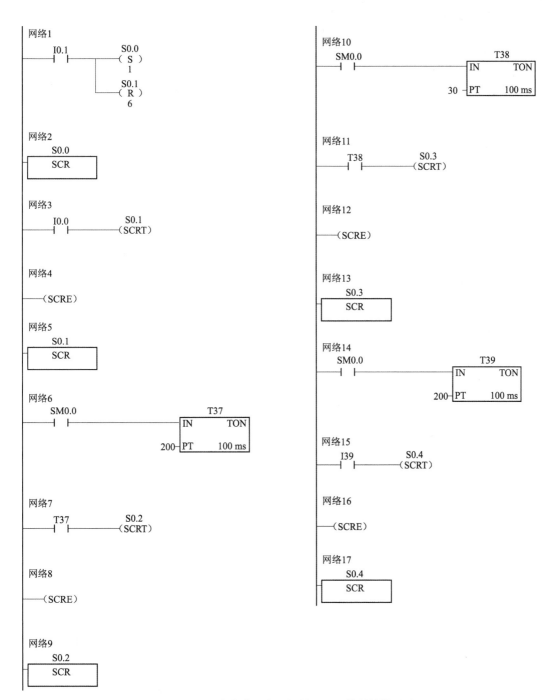

图 3 – 1 – 20　十字路口交通灯循环显示控制的梯形图

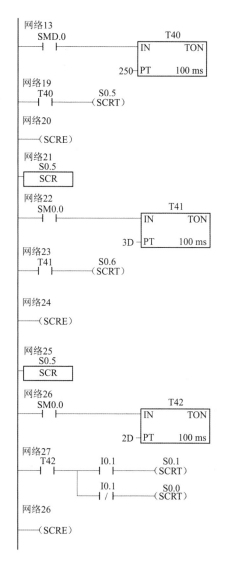

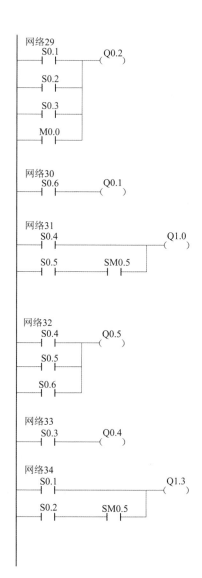

图 3 – 1 – 20　十字路口交通灯循环显示控制的梯形图（续）

任务计划

"友情提醒"：通过资料查询，交流讨论等形式，从任务要求出发，做出任务计划安排。

1. 任务要求

传送带又称带式输送机，是组成有节奏的流水作业线所不可缺少的经济型物流输送设备。传送带具有输送能力强、输送距离远、运行高速平稳、噪声低、结构简单，并可以上下坡传送，能方便地实行程序化控制和自动化操作，特别适合一些散碎原料及不规则物品的输送，在煤炭、采砂、食品、烟草、物流等生产领域应用非常普遍。对于多个流程工艺的生产线一般需要多级传送带，为了防止物料的堆积，多级传送带在正常启动时需按物流方向逆向逐级启动，正常停机时则按物流方向顺向连级停机，故障停机时，故障点之前的传送带应立即停机，故障点之后的传送带应按物流方向顺向逐级停机。

如图 3 – 1 – 21 所示是由 3 条传送带组成的三级传输系统，要求按下启动按钮后，首先 3#传送带开始工作，5 s 后 2#传送带自动启动，再过 5 s 后 1#传送带自动启动。按停止按钮后，停机的顺序与启动的顺序相反，间隔为 10 s。但未启动的传送带不必执行停机动作。例如：若只有 3#和 2#被启动，按动停止按钮后则只执行 2# →3#停机动作。

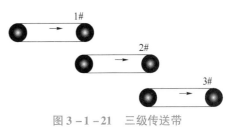

图 3 – 1 – 21　三级传送带

2. 任务安排

结合任务控制要求，通过小组分析讨论等方式，并罗列完成工作任务的主要内容与方法步骤。例如需要对原继电器控制电路的工作原理进行分析；需要确定 PLC 控制的输入输出点；绘制接线图，并按照接线图完成接线；控制编写调试主要是利用 PLC 编程软件，根据控制要求编写控制程序并完成程序的下载及联合调试等工作任务的分解。将分任务安排到小组个人，确定完成任务所需使用的工具与时间等分配情况（工作计划表）。

任务 1：_____

任务 2：_____

任务 3：_____

任务 4：_____

任务 5：_____

任务 6：_____

任务 7：_____

工作流程	完成任务的资料、工具或方法	人员安排	时间分配	备注

任务决策

根据实际任务要求，在小组进行任务分解，并制定工作计划的基础上，依据小组团队成员认真讨论研究，阐述任务完成的方法与策略，确定完成工作的方案决策。最终由教师指导、确定方案。（建议分项目任务可以依据计划制决策定）。

决策 1：_____

决策 2：_____

决策 3：_____

决策 4：_____

决策 5：_____

决策 6：_____

决策 7：_____

 任务实施

"友情提醒"：能够紧跟技术进步的发展态势，提升专业技能。

1. 整体结构

三级传送带总体属于简单顺序控制结构，但又存在多个选择分支，顺序功能图如图 3 - 1 - 22 所示。

首先在上电首次扫描时，应设置初始状态 S1。在 S1 状态下，若按启动按钮，则转移到 S2，3#传送带工作。

在 S2 状态下，若按动启动按钮，则转移到 S3，2#传送带工作；若按动停止按钮，则跳过 S3 ~ S6，直接转移到 S7，并关停 3#传送带。

在 S3 状态下，若按动启动按钮，则转移到 S4，1#传送带工作；若按动停止按钮，则跳过 S4 ~ S5，直接转移到 S6，关停 2#传送带，然后再顺序关停 3#传送带。

在 S4 状态下，若按动停止按钮，则转移到 S5，关停 1#传送带，然后再顺序关停 2#和3#传送带。

在 S7 状态下，若再按启动按钮，则转移到 S1，重新开始。

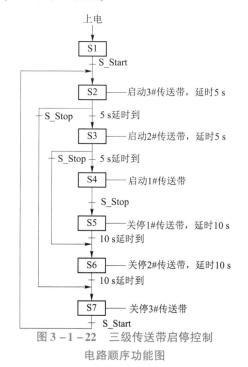

图 3 - 1 - 22　三级传送带启停控制电路顺序功能图

2. I/O 点地址分配

PLC 控制 I/O 点地址分配如表 3 - 1 - 4 所示。

表 3 - 1 - 4　PLC 控制 I/O 点地址分配

符号	元件地址	说明	符号	元件地址	说明
S_Start	I0. 0	启动按钮，常开	S2	S0. 1	步序 2
S_Stop	I0. 1	停止按钮，常闭	S3	S0. 2	步序 3
KM1	Q0. 0	驱动 1#传送电动机	S4	S0. 3	步序 4
KM2	Q0. 1	驱动 2#传送电动机	S5	S0. 4	步序 5
KM3	Q0. 2	驱动 3#传送电动机	S6	S0. 5	步序 6
S1	S0. 0	初始步	S7	S0. 6	步序 7

3. 编辑符号表

打开 STEP 7 – Micro/Win，执行"文件"→"保存"菜单命令，将新建项目命名为"三级传送带控制"。打开和定义符号表编辑器，然后按图 3 – 1 – 23 编辑符号表。

			符号	地址	注释
1			S_Start	I0.0	启动按钮，常开
2			S_Stop	I0.1	停止按钮，常闭
3			KM1	Q0.0	驱动1#传送带电机
4			KM2	Q0.1	驱动2#传送带电机
5			KM3	Q0.2	驱动3#传送带电机
6			S1	S0.0	初始步
7			S2	S0.1	步序2
8			S3	S0.2	步序3
9			S4	S0.3	步序4
10			S5	S0.4	步序5
11			S6	S0.5	步序6
12			S7	S0.6	步序7

图 3 – 1 – 23　编辑用户定义符号表

4. 程序设计

1）编写子程序 SBR_0 梯形图

根据如图 3 – 1 – 24 所示的顺序功能图，用 S7 – 200 PLC 的顺序控制指令编写控制程序，将顺序功能图放置在一个子程序 SBR_0 中，子程序 SBR_0 梯形图如图 3 – 1 – 25 所示。

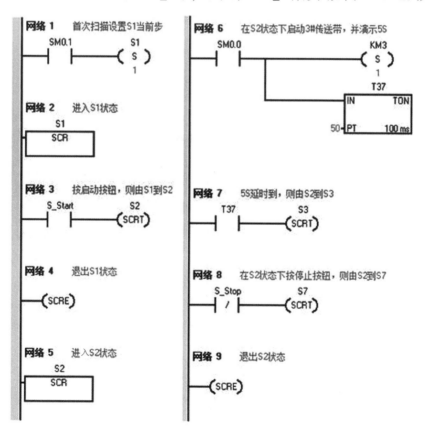

图 3 – 1 – 24　三级传送带启停控制电路子程序 SBR_0 梯形图

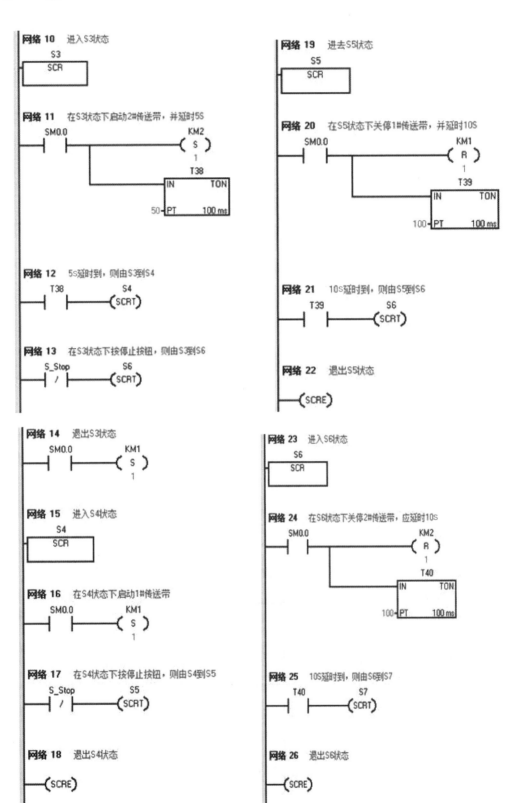

图 3 −1 −25　三级传送带启停控制电路子程序 SBR_ 0 梯形图 （续）

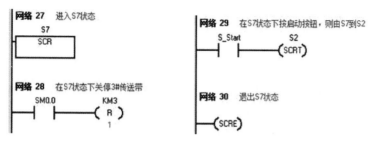

图 3 – 1 – 25　三级传送带启停控制电路子程序 SBR_0 梯形图（续）

2）编写主循环程序 OB1 梯形图

在主循环程序 OB1 中调用子程序 SBR_0，并编写初始化程序，梯形图如图 3 – 1 – 26 所示。

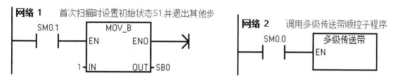

图 3 – 1 – 26　三级传送带启停控制的主循环程序 OB1 梯形图

5. 方案调试

在 STEP 7 – Micro/Win 环境下执行全编译命令，并将编译结果下载到 PLC，然后将 PLC 的工作模式开关切换到 RUN 位置。单击工具栏上的状态表监控工具打开状态表，然后按图 3 – 1 – 27 所示编辑状态表，操作启动按钮和停止按钮在线观察各状态的变化。

	地址	格式	当前值	新值
1	KM1	位		
2	KM2	位		
3	KM3	位		
4	S1	位		
5	S2	位		
6	S3	位		
7	S4	位		
8	S5	位		
9	S6	位		
10	S7	位		
11	S_Start	位		
12	S_Stop	位		

图 3 – 1 – 27　编辑状态表

6. 过程记录

结合任务实施过程，将实施过程中的主要内容与遇到的问题点记录在表格中，以便在实施过程中作出调整与分析总结提升。

工作步骤	主要工作内容	完成情况	问题记录

任务检查

任务完成后，按表3－1－5所示的考核内容与评分标准，对任务进行相关项目的检查评分，作为完成项目情况的重要依据，建议成绩占比本任务的60%。

表3－1－5　任务项目检查表表

序号	考核内容	考核要求	评分标准	配分	得分
1	电路设计	1. 根据给定的控制要求，列出PLC控制I/O口（输入/输出）元件地址分配表； 2. 绘制PLC控制I/O口（输入/输出）接线图； 3. 设计梯形图	1. 输入输出地址遗漏或搞错，每处扣3分； 2. 梯形图表达不正确或画法不规范，每处扣3分； 3. 接线图表达不正确或画法不规范，每处扣3分； 4. 指令有错，每条扣5分	20	
2	安装与接线	按PLC控制I/O口（输入/输出）接线图在模拟配线板正确安装，元件在配线板上布置要合理，安装要准确紧固，配线导线要紧固、美观	1. 元件布置不整齐、不合理，每只扣3分； 2. 元件安装不牢固、安装元件时漏装固定螺丝，每只扣3分； 3. 损坏元件扣5分； 4. 布线不美观，每根扣2分； 5. 接点松动、露铜过长、反圈、压绝缘层，标记线号不清楚、遗漏或误标，每处扣2分； 6. 损伤导线绝缘或线心，每根扣2分； 7. 未按PLC控制I/O（输入/输出）接线图接线，每处扣4分	30	
3	程序输入、调试及结果答辩	1. 熟练操作PLC编程软件，能正确地将所编写的程序下载至PLC； 2. 按照被控设备的动作要求进行模拟调试，达到设计要求； 3. 程序运行结果正确、表述清楚，答辩正确	1. 不能熟练使用编程软件，扣5分； 2. 不会熟练进行模拟调试，扣10分； 3. 1次试车不成功扣10分，2次试车不成功扣20分； 4. 对运行结果表述不清楚者扣10分	30	
4	工具、仪表使用	1. 熟练掌握电工常用工具的使用方法和技巧； 2. 熟练使用万用表等仪器表	1. 工具使用不当扣5分； 2. 工具使用不熟练扣3分； 3. 仪表使用不正确每次扣5分； 4. 仪表使用不熟练扣3分	10	
5	安全文明生产	1. 遵守安全生产法规； 2. 遵守实训室使用规定	违反安全生产法规或实训室使用规定每项扣3分	10	
备注			合计	100	
老师签字				年　　月　　日	

总结评价

"友情提醒"：对于自我评价、小组评价等，应体现出公平、公正、公开的原则。

评价结论以"很满意、比较满意、还要加把劲"等这种性质评语为好，因为它能更有效地帮助和促进学生的发展。小组成员互评，在你认为合适的地方打勾。

组长评价、教师评价均以自我评价为依据，考核采用 A（80~100 分）、B（60~79分）、C（0~59 分）等级，组长与教师的评价总分各占本任务的 20%。**本任务合计总分为_____。**

项目	评价内容	自我评价		
		很满意	比较满意	还要加把劲
职业素养考核项目	安全意识、责任意识强；工作严谨、敏捷			
	学习态度主动；积极参加教学安排的活动			
	团队合作意识强；注重沟通、互相协作			
	劳动保护穿戴整齐；干净、整洁			
	仪容仪表符合活动要求；朴实、大方			
专业能力考核项目	按时按要求独立完成任务；质量高			
	相关专业知识查找准确及时；知识掌握扎实			
	技能操作符合规范要求；操作熟练、灵巧			
	注重工作效率与工作质量；操作成功率高			
小组评价意见		综合等级	组长签名：	
老师评价意见		综合等级	老师签名：	

任务 2　装调材料分拣控制电路

传送机分拣大小球系统示意如图3-2-1所示。传送机分拣大小球系统（材料分拣控制电路的一种类型）可分别拣出大、小铁球。如果传送机底下的电磁铁吸住小的铁球，则将小球放入装小球的箱子里；如果传送机底下的电磁铁吸住大的铁球，则将大球放入装大球的箱子里。

传送机电磁铁的上升和下降运动由一台电动机带动，传送机的左、右运动则由另外一台电动机带动。

初始状态时，传送机停在原位。当按下传送机的启动按钮后，电磁铁在传送机的带动下下降到混合球箱中。如果传送机在下降过程中压合行程开关SQ2，电磁铁的电磁线圈通电后将吸住小球，然后上升右行至行程开关SQ4的位置，电磁铁下降，将小球放入小球箱中。如果电磁铁由原位下降后未压合行程开关SQ2，则电磁铁的电磁线圈通电后将吸住大球，然后右行至行程开关SQ5的位置，电磁铁下降，将大球放入大球箱中。最后，左行回到SQ1处重复以上过程。

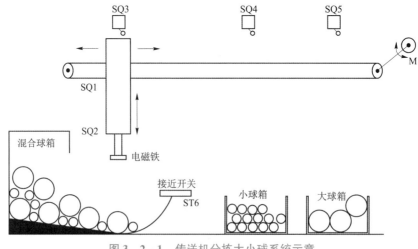

图 3-2-1　传送机分拣大小球系统示意

 任务目标

1. 会使用选择性分支控制指令设计编写程序；
2. 了解选择性分支顺序控制程序的编程技巧；

3. 会将状态转移图转换成梯形图；
4. 理解材料分拣系统的控制要求、工作流程；
5. 会进行故障分析及排除；
6. 会使用顺序控制指令实现材料分拣系统的控制；
7. 能够以认真严谨的敬业精神践行技术改造。

 任务分析

在企业生产过程中，需要完成材料分拣控制电路改造装调任务，首先需要会使用选择性分支控制指令设计编写程序，了解选择性分支顺序控制程序的编程技巧。其次需要会将状态转移图转换成梯形图。理解材料分拣系统的控制要求、工作流程，会进行故障分析及排除。最后会使用顺序控制指令实现材料分拣系统的控制。按照接线图完成 PLC 控制系统的硬件安装。

 任务咨询

一、选择分支流程的编程

选择分支流程示例如图 3 – 2 – 2 所示。

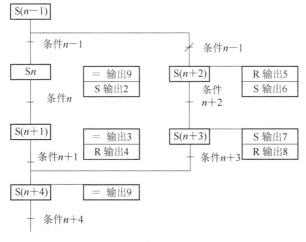

图 3 – 2 – 2　选择分支流程示例

以图 3 – 2 – 2 所示的选择分支流程为例，用分支前的最后一步 [S(n−1)] 及其转换条件（条件 n−1）的逻辑输出置位两个分支中一个分支的第一步 [Sn 或 S(n+2)]，并对分支前的最后一步 [S(n−1)] 复位；其中一个选择分支的最后一步 [S(n+1) 或 S(n+3)] 及其转换条件（条件 n+1 或条件 n+3）的逻辑输出置位汇合后的第一步 [S(n+4)]，并对相应分支的最后一步 [S(n+1) 或 S(n+3)] 复位，对应的梯形图如图 3 – 2 – 3 所示。

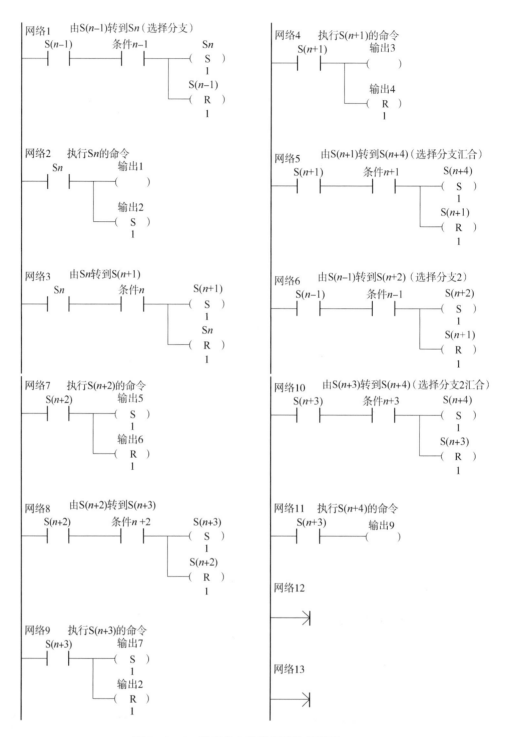

图3-2-3 选择分支流程示例的梯形图

二、选择分支流程的编程方法

选择序列：如图3-2-4所示，步5为活动步，转换条件 $h=1$，则发生步5→步8的转换；若步5为活动步，转换条件 $k=1$，则发生步5→步10的转换，一般只允许同时选择一个序列。

（1）选择序列分支开始的编程方法。步 S0.0 之后有一个选择序列的开始，当它为活动步，并且转换条件 I0.0 得到满足时，后续步 S0.1 将变成活动步，S0.0 变成不活动步。当 S0.0 为 1 时，它对应的 SCR 段被执行，此时若转换条件 I0.0 为 1，该程序段的指令 SCRT S0.1 被执行，将转换到步 S0.11。若 I0.2 的常开触点闭合，将执行指令 SCRT S0.2，转换到步 S0.2。

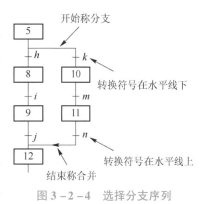

图 3 - 2 - 4　选择分支序列

（2）选择序列分支合并的编程方法。步 S0.3 之前有一个选择序列的合并，若步 S0.1 为活动步，并且转换条件 I0.1 满足，或步 S0.2 为活动步，转换条件 I0.3 满足，则步 S0.3 应变为活动步。

在步 S0.1 和步 S0.2 对应的 SCR 段中，分别用 I0.1 和 I0.3 的常开触点驱动 SCRT S0.3 指令。

 任务计划

"友情提醒"：通过资料查询，交流讨论等形式，从任务要求出发，做出任务计划安排。

1. 任务要求

传送机分检大小球示意图如图 3 - 2 - 5 所示。传送机分检大小球装置可分别检出大、小铁球。如果传送机底下的电磁铁吸住小的铁球，则将小球放入装小球的箱子里；如果传送机底下的电磁铁吸住大的铁球，则将大球放入装大球的箱子里。

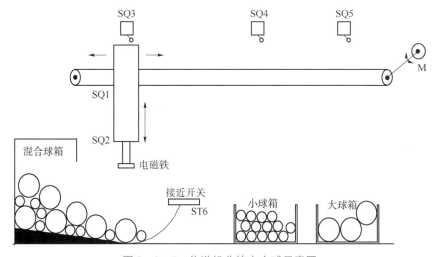

图 3 - 2 - 5　传送机分拣大小球示意图

传送机电磁铁的上升和下降运动由一台电动机带动，传送机的左、右运动则由另外一台电动机带动。

初始状态时，传送机停在原位。当按下传送机的启动按钮后，电磁铁在传送机的带动下下降到混合球箱中。如果传送机在下降过程中压合行程开关 SQ2，电磁铁的电磁线圈通电后将吸住小球，然后上升右行至行程开关 SQ4 的位置，电磁铁下降，将小球放入小球箱中。如果电磁铁由原位下降后未压合行程开关 SQ2，则电磁铁的电磁线圈通电后将吸住大球，然后右行至行程开关 SQ5 位置，电磁铁下降，将大球放入大球箱中。左行回到 SQ1 处重复以上过程。

2. 任务安排

结合任务控制要求，通过小组分析讨论等方式，并罗列完成工作任务的主要内容与方法步骤。例如需要对原继电器控制电路的工作原理进行分析；需要确定 PLC 控制的输入输出点；绘制接线图，并按照接线图完成接线；控制编写调试主要是利用 PLC 编程软件，根据控制要求编写控制程序并完成程序的下载及联合调试等工作任务的分解。将分任务安排到小组个人，确定完成任务所需使用的工具与时间等分配情况（工作计划表）。

任务 1：＿＿＿＿＿＿＿＿＿＿＿＿＿＿＿＿＿＿＿＿＿＿＿＿＿＿＿＿＿＿＿＿＿

任务 2：＿＿＿＿＿＿＿＿＿＿＿＿＿＿＿＿＿＿＿＿＿＿＿＿＿＿＿＿＿＿＿＿＿

任务 3：＿＿＿＿＿＿＿＿＿＿＿＿＿＿＿＿＿＿＿＿＿＿＿＿＿＿＿＿＿＿＿＿＿

任务 4：＿＿＿＿＿＿＿＿＿＿＿＿＿＿＿＿＿＿＿＿＿＿＿＿＿＿＿＿＿＿＿＿＿

任务 5：＿＿＿＿＿＿＿＿＿＿＿＿＿＿＿＿＿＿＿＿＿＿＿＿＿＿＿＿＿＿＿＿＿

任务 6：＿＿＿＿＿＿＿＿＿＿＿＿＿＿＿＿＿＿＿＿＿＿＿＿＿＿＿＿＿＿＿＿＿

任务 7：＿＿＿＿＿＿＿＿＿＿＿＿＿＿＿＿＿＿＿＿＿＿＿＿＿＿＿＿＿＿＿＿＿

任务 8：＿＿＿＿＿＿＿＿＿＿＿＿＿＿＿＿＿＿＿＿＿＿＿＿＿＿＿＿＿＿＿＿＿

工作流程	完成任务的资料、工具或方法	人员安排	时间分配	备注

任务决策

根据实际任务要求，在小组进行任务分解，并制定工作计划的基础上，依据小组团队成员认真讨论研究，阐述任务完成的方法与策略，确定完成工作的方案决策。最终由教师指导、确定方案。(建议分项目任务可以依据计划制决策定)。

决策1：_____

决策2：_____

决策3：_____

决策4：_____

决策5：_____

决策6：_____

决策7：_____

任务实施

"友情提醒"：能够以认真严谨的敬业精神践行技术改造。

1. I/O 点地址分配

传送机分拣大小球系统的 PLC 控制 I/O 点地址分配如表 3 − 2 −1 所示。

表 3 − 2 − 1　传送机分拣大小球系统的 PLC 控制 I/O 点地址分配

输入信号			输出信号		
PLC 地址	电气符号	功能说明	PLC 地址	电气符号	功能说明
I0. 0	SB1	启动按钮，常开	Q0. 0	HL	原位指示灯
I0. 1	SQ1	球箱定位行程开关	Q0. 1	KM1	电磁铁上升接触器线圈
I0. 2	SQ2	下限位行程开关	Q0. 2	KM2	电磁铁下降接触器线圈
I0. 3	SQ3	上限位行程开关	Q0. 3	KM3	传送机左移接触器线圈
I0. 4	SQ4	小球箱定位行程开关	Q0. 4	KM4	传送机右移接触器线圈
I0. 5	SQ5	大球箱定位行程开关	Q0. 5	YV	吸球电磁阀线圈
I0. 6	ST6	接近开关			

2. PLC 系统接线图绘制

画出传送机分拣大小球系统的 PLC 外部接线图，如图 3 − 2 − 5 所示。

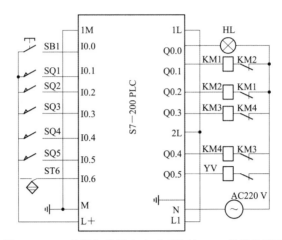

图 3－2－5　传送机分拣大小球系统的 PLC 外部接线图

3. 程序设计

根据控制要求，设计出传送机分拣大、小球系统顺序功能图，如图 3－2－6 所示。

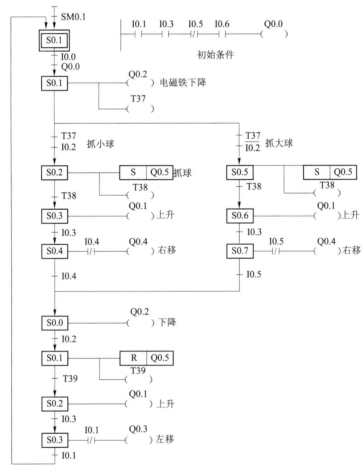

图 3－2－6　传送机分拣大小球系统顺序功能图

4. 梯形图设计

传送机分拣大小球系统的 PLC 控制梯形图设计采用步进指令，如图 3 – 2 – 7 所示。

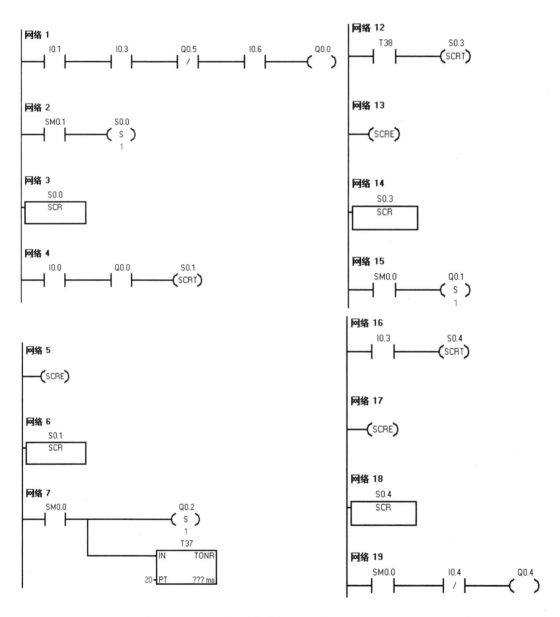

图 3 – 2 – 7 传送机分拣大小球系统的 PLC 控制梯形图

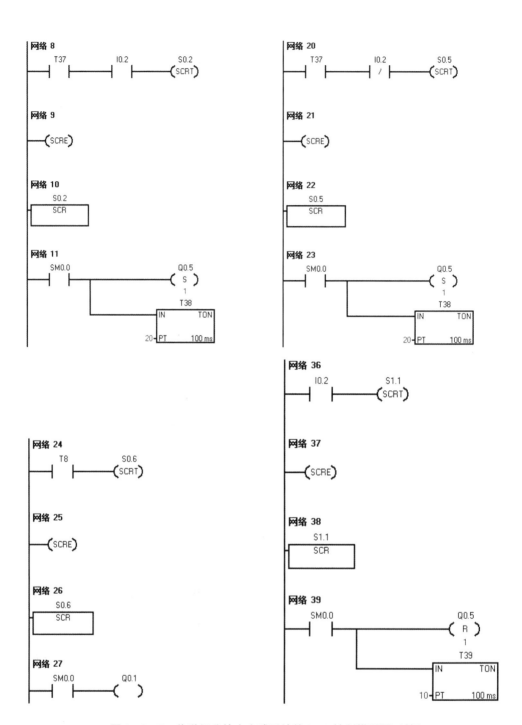

图 3 - 2 - 7 传送机分拣大小球系统的 PLC 控制梯形图（续）

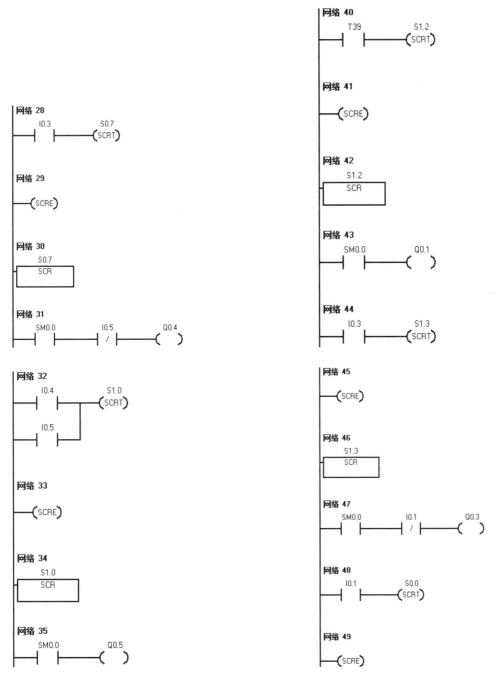

图 3 - 2 - 7　传送机分拣大小球系统的 PLC 控制梯形图 （续）

5. 过程记录

结合任务实施过程，将实施过程中的主要内容与遇到的问题点记录在表格中，以便在实施过程中作出调整与分析总结提升。

工作步骤	主要工作内容	完成情况	问题记录

 任务检查

　　任务完成后，按表3-2-2所示的考核内容与评分标准，对任务进行相关项目的检查评分，作为完成项目情况的重要依据，建议成绩占比本任务的60%。

表3-2-2　任务项目检查表

序号	考核内容	考核要求	评分标准	配分	得分
1	电路设计	1. 根据给定的控制要求，列出PLC控制I/O口（输入/输出）元件地址分配表； 2. 绘制PLC控制I/O口（输入/输出）接线图； 3. 设计梯形图	1. 输入输出地址遗漏或搞错，每处扣3分； 2. 梯形图表达不正确或画法不规范，每处扣3分； 3. 接线图表达不正确或画法不规范，每处扣3分； 4. 指令有错，每条扣5分	20	
2	安装与接线	按PLC控制I/O口（输入/输出）接线图在模拟配线板正确安装，元件在配线板上布置要合理，安装要准确紧固，配线导线要紧固、美观	1. 元件布置不整齐、不合理，每只扣3分； 2. 元件安装不牢固、安装元件时漏装固定螺丝，每只扣3分； 3. 损坏元件扣5分； 4. 布线不美观，每根扣2分； 5. 接点松动、露铜过长、反圈、压绝缘层，标记线号不清楚、遗漏或误标，每处扣2分； 6. 损伤导线绝缘或线心，每根扣2分； 7. 未按PLC控制I/O（输入/输出）接线图接线，每处扣4分	30	
3	程序输入、调试及结果答辩	1. 熟练操作PLC编程软件，能正确地将所编写的程序下载至PLC； 2. 按照被控设备的动作要求进行模拟调试，达到设计要求； 3. 程序运行结果正确、表述清楚，答辩正确	1. 不能熟练使用编程软件，扣5分； 2. 不会熟练进行模拟调试，扣10分； 3. 1次试车不成功扣10分，2次试车不成功扣20分； 4. 对运行结果表述不清楚者扣10分	30	

续表

序号	考核内容	考核要求	评分标准	配分	得分
4	工具、仪表使用	1. 熟练掌握电工常用工具的使用方法和技巧； 2. 熟练使用万用表等仪器表	1. 工具使用不当扣5分； 2. 工具使用不熟练扣3分； 3. 仪表使用不正确每次扣5分； 4. 仪表使用不熟练扣3分	10	
5	安全文明生产	1. 遵守安全生产法规； 2. 遵守实训室使用规定	违反安全生产法规或实训室使用规定每项扣3分	10	
备注			合计	100	
老师签字			年　　月　　日		

 总结评价

"友情提醒"：对于自我评价、小组评价等，应体现出公平、公正、公开的原则。

评价结论以"很满意、比较满意、还要加把劲"等这种性质评语为好，因为它能更有效地帮助和促进学生的发展。小组成员互评，在你认为合适的地方打勾。

组长评价、教师评价均以自我评价为依据，考核采用 A（80~100 分）、B（60~79分）、C（0~59 分）等级，组长与教师的评价总分各占本任务的 20%。**本任务合计总分为**_____。

项目	评价内容	自我评价		
		很满意	比较满意	还要加把劲
职业素养考核项目	安全意识、责任意识强；工作严谨、敏捷			
	学习态度主动；积极参加教学安排的活动			
	团队合作意识强；注重沟通、互相协作			
	劳动保护穿戴整齐；干净、整洁			
	仪容仪表符合活动要求；朴实、大方			
专业能力考核项目	按时按要求独立完成任务；质量高			
	相关专业知识查找准确及时；知识掌握扎实			
	技能操作符合规范要求；操作熟练、灵巧			
	注重工作效率与工作质量；操作成功率高			
小组评价意见		综合等级	组长签名：	
老师评价意见		综合等级	老师签名：	

任务 3 专用钻床的PLC控制

某专用钻床用来加工圆盘状零件上均匀分布的 6 个孔，如图 3 - 3 - 1 所示。开始自动运行时两个钻头在最上面的位置，限位开关 I0.3 和 I0.5 为 "ON"。操作人员放好工件后，按下启动按钮 I0.0，Q0.0 变为 "ON"，工件被夹紧，夹紧后压力继电器 I0.1 为 "ON"，Q0.1 和 Q0.3 使两只钻头同时开始工作，分别钻到由限位开关 I0.2 和 I0.4 设定的深度时，Q0.2 和 Q0.4 使两只钻头分别上行，升到由限位开

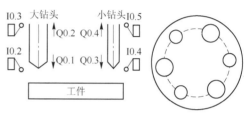

图 3 - 3 - 1 专用钻床结构示意

关 I0.3 和 I0.5 设定的起始位置时，分别停止上行，设定值为 3 的计数器 C0 的当前值加 1。两只钻头都上升到位后，若没有钻完 3 个孔，C0 的常闭触点闭合，Q0.5 使工件旋转 120°，旋转到位时限位开关 I0.6 为 "ON"，旋转结束后又开始钻第 2 对孔。3 对孔都钻完后，计数器的当前值等于设定值 3，C0 的常开触点闭合，Q0.6 使工件松开，松开到位时，限位开关 I0.7 为 "ON"，系统返回到初始状态。

 任务目标

1. 会使用并进分支控制指令设计编写程序；
2. 了解并进分支顺序控制程序的编程技巧；
3. 会将状态转移图转换成梯形图；
4. 理解专用钻床 PLC 控制系统的控制要求、工作流程，会进行故障分析及排除；
5. 会使用顺序控制指令实现专用钻床 PLC 控制系统；
6. 能够在技术改造中体会青年强则国强的进取精神。

 任务分析

在企业生产过程中，需要完成专用钻床自动的 PLC 控制系统设计装调任务，首先需要会使用并进分支控制指令设计编写程序，了解并进分行分支顺序控制程序的编程技巧。其次需要会将状态转移图转换成梯形图。理解专用钻床 PLC 控制系统的控制要求、工作流程，会进行故障分析及排除。最后会使用顺序控制指令实现专用钻床 PLC 控制系统。按照接线图完成 PLC 控制系统的硬件安装。

任务咨询

一、并行分支流程的编程

以图 3 – 3 – 2 所示的并行分支流程为例，用分支前的最后一步〔S(n - 1)〕及其转换条件（条件 n - 1）的逻辑输出同时置位各并行分支的第一步〔Sn 和 S(n + 2)〕，并对分支前的最后一步〔S(n - 1)〕复位；用各并行分支的最后一步〔S(n + 1) 和 S(n + 3)〕及其转换条件（条件 n + 2）的逻辑输出置位并行分支回合后的第一步〔S(n + 4)〕，并对各分支的最后一步〔S(n + 1) 和 S(n + 3)〕复位，对应的梯形图如图 3 – 3 – 3 所示。

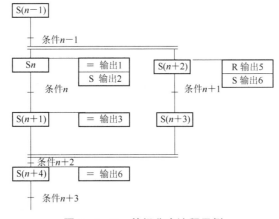

图 3 – 3 – 2　并行分支流程示例

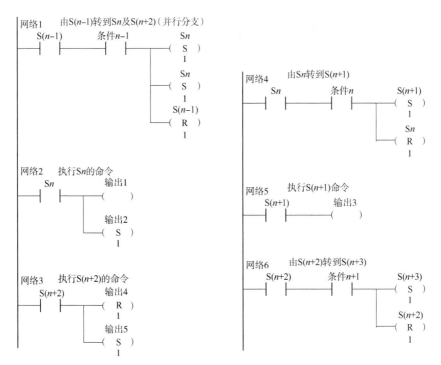

图 3 – 3 – 3　并行分支流程示例的梯形图

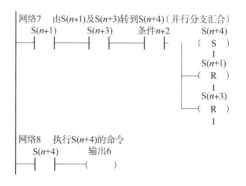

图3-3-3　并行分支流程示例的梯形图（续）

二、并行分支流程的编程方法

（1）并行序列分支开始的编程方法。图3-3-4（a）中步S0.3之后有一个并行序列的开始，若步S0.3是活动步，转换条件I0.4满足，则步S0.4与步S0.6应同时变为活动步。这是用S0.3对应的SCR段中I0.4的常开触点同时驱动指令SCRT S0.4和SCRT S0.6对应的线圈来实现的。与此同时，S0.3被自动复位，步S0.3变为不活动步。

（2）并行序列分支合并的编程方法。步S1.0之前有一个并行序列的合并，I0.7对应的转换条件是所有的前级步（即步S0.5和S0.7）都是活动步；转换条件I0.7满足，就可以使下级步S1.0置位。由此可知，应使用以转换条件为中心的编程方法，将S0.5、S0.7和I0.7的常开触点串联来控制S1.0的置位和S0.5、S0.7的复位，从而使步S1.0变为活动步，步S0.5和S0.7变为不活动步。并行分支流程的梯形图如图3-3-4（b）所示。

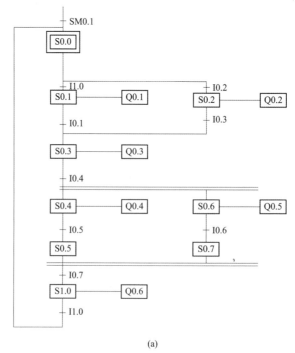

(a)

图3-3-4　并行序列的顺序功能图和梯形图
（a）顺序功能图

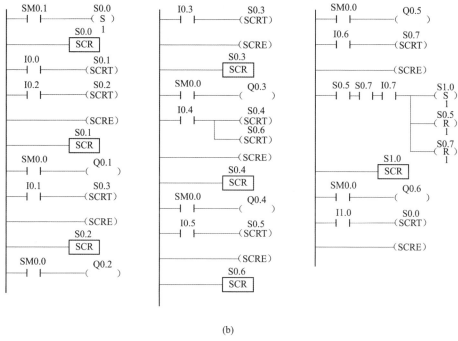

(b)

图 3 – 3 – 4 并行序列的顺序功能图和梯形图（续）

（b）梯形图

任务计划

"友情提醒"：通过资料查询，交流讨论等形式，从任务要求出发，做出任务计划安排。

1. 任务要求

某专用钻床用来加工圆盘状零件上均匀分布的 6 个孔，如图 3 – 3 – 5 所示。开始自动运行时两个钻头在最上面的位置，限位开关 I0.3 和 I0.5 为 ON。操作人员放好工件后，按下起动按钮 I0.0，Q0.0 变为 ON，工件被夹紧，夹紧后压力继电器 I0.1 为 ON，Q0.1 和 Q0.3 使两只钻头同时开始工作，分别钻到由限位开关 I0.2 和 I0.4 设定的深度时，Q0.2 和 Q0.4 使两只钻头分别上行，升到由限位开关 I0.3 和 I0.5 设定的起始位置时，分别停止上行，设定值为 3 的计数器 C0 的当前值加 1。两只钻头都上升到位后，若没有钻完 3 个孔，C0 的常闭触点闭合，Q0.5 使工件旋转 120°，旋转到位时限位开关 I0.6 为 ON，旋转结束后又开始钻第 2 对孔。3 对孔都钻完后，计数器的当前值等于设定值 3，C0 的常开触点闭合，Q0.6 使工件松开，松开到位时，限位开关 I0.7 为 ON，系统返回到初始状态。

2. 任务安排

结合任务控制要求，通过小组分析讨论等方式，并罗列完成工作任务的主要内容与方法步骤。例如需要对原继电器控制电路的工作原理进行分析；需要确定 PLC 控制的输入输出

图 3 – 3 – 5 专用钻床结构示意图

点；绘制接线图，并按照接线图完成接线；控制编写调试主要是利用 PLC 编程软件，根据控制要求编写控制程序并完成程序的下载及联合调试等工作任务的分解。将分任务安排到小组个人，确定完成任务所需使用的工具与时间等分配情况（工作计划表）。

任务 1：_____

任务 2：_____

任务 3：_____

任务 4：_____

任务 5：_____

任务 6：_____

任务 7：_____

工作流程	完成任务的资料、工具或方法	人员安排	时间分配	备注

 任务决策

根据实际任务要求，在小组进行任务分解，并制定工作计划的基础上，依据小组团队成员认真讨论研究，阐述任务完成的方法与策略，确定完成工作的方案决策。最终由教师指导、确定方案。（建议分项目任务可以依据计划制决策定）。

决策 1：_____
决策 2：_____
决策 3：_____
决策 4：_____
决策 5：_____
决策 6：_____
决策 7：_____

 任务实施

"友情提醒"：能够在技术改造中体会青年强则国强的进取精神。

1. I/O 点地址分配

专用钻床 PLC 控制的 I/O 点地址分配如表 3-2-1。

表 3-2-1 专用钻床 PLC 控制的 I/O 点地址分配

输入信号			输出信号		
PLC 地址	电气符号	功能说明	PLC 地址	电气符号	功能说明
I0.0	SB1	启动按钮，常开	Q0.0	YV1	工件加紧电磁阀
I0.1	SP	压力继电器	Q0.1	KM1	大钻头下降接触器线圈
I0.2	SQ1	大钻头下限位	Q0.2	KM2	大钻头上升接触器线圈
I0.3	SQ2	大钻头上限位	Q0.3	KM3	小钻头下降接触器线圈
I0.4	SQ3	小钻头下限位	Q0.4	KM4	小钻头上升接触器线圈
I0.5	SQ4	小钻头上限位	Q0.5	KM5	工件旋转接触器线圈
I0.6	SQ5	旋转到位时的限位开关	Q0.6	YV2	工件松开电磁阀
I0.7	SQ6	工件到位时的限位开关			

2. PLC 外部接线图绘制

画出专用钻床 PLC 控制的 PLC 外部接线图，如图 3-3-6 所示。

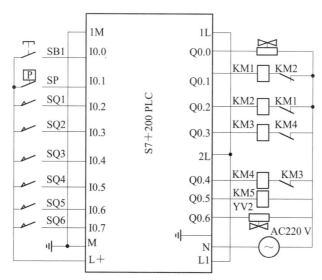

图 3-3-6 专用钻床 PLC 控制的 PLC 外部接线图

3. 程序设计

根据控制要求，设计出专用钻床 PLC 控制的顺序功能图，如图 3-3-7 所示。

4. 梯形图设计

专用钻床 PLC 控制的梯形图设计采用步进指令，如图 3-3-8 所示。

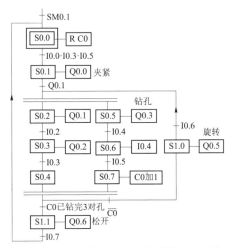

图 3 – 3 – 7　专用钻床 PLC 控制的顺序功能图

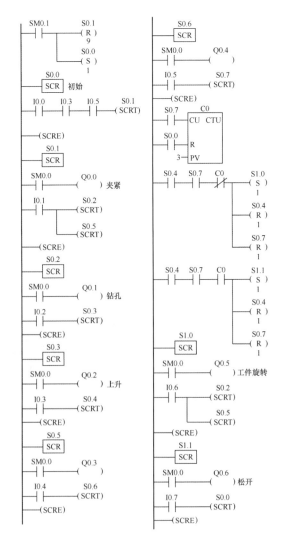

图 3 – 3 – 8　专用钻床 PLC 控制的梯形图

5. 过程记录

结合任务实施过程，将实施过程中的主要内容与遇到的问题点记录在表格中，以便在实施过程中作出调整与分析总结提升。

工作步骤	主要工作内容	完成情况	问题记录

 任务检查

任务完成后，按表 3 – 3 – 2 所示的考核内容与评分标准，对任务进行相关项目的检查评分，作为完成项目情况的重要依据，建议成绩占比本任务的60%。

表 3 – 3 – 2　任务项目检查表

序号	考核内容	考核要求	评分标准	配分	得分
1	电路设计	1. 根据给定的控制要求，列出 PLC 控制 I/O 口（输入/输出）元件地址分配表； 2. 绘制 PLC 控制 I/O 口（输入/输出）接线图； 3. 设计梯形图	1. 输入输出地址遗漏或搞错，每处扣3分； 2. 梯形图表达不正确或画法不规范，每处扣3分； 3. 接线图表达不正确或画法不规范，每处扣3分； 4. 指令有错，每条扣5分	20	
2	安装与接线	按 PLC 控制 I/O 口（输入/输出）接线图在模拟配线板正确安装，元件在配线板上布置要合理，安装要准确紧固，配线导线要紧固、美观	1. 元件布置不整齐、不合理，每只扣3分； 2. 元件安装不牢固、安装元件时漏装固定螺丝，每只扣3分； 3. 损坏元件扣5分； 4. 布线不美观，每根扣2分； 5. 接点松动、露铜过长、反圈、压绝缘层，标记线号不清楚、遗漏或误标，每处扣2分； 6. 损伤导线绝缘或线心，每根扣2分； 7. 未按 PLC 控制 I/O（输入/输出）接线图接线，每处扣4分	30	
3	程序输入、调试及结果答辩	1. 熟练操作 PLC 编程软件，能正确地将所编写的程序下载至 PLC 2. 按照被控设备的动作要求进行模拟调试，达到设计要求； 3. 程序运行结果正确、表述清楚，答辩正确	1. 不能熟练使用编程软件，扣5分； 2. 不会熟练进行模拟调试，扣10分； 3. 1 次试车不成功扣10分，2 次试车不成功扣20分； 4. 对运行结果表述不清楚者扣10分	30	

续表

序号	考核内容	考核要求	评分标准	配分	得分
4	工具、仪表使用	1. 熟练掌握电工常用工具的使用方法和技巧； 2. 熟练使用万用表等仪器表	1. 工具使用不当扣5分 2. 工具使用不熟练扣3分 3. 仪表使用不正确每次扣5分 4. 仪表使用不熟练扣3分	10	
5	安全文明生产	1. 遵守安全生产法规 2. 遵守实训室使用规定	违反安全生产法规或实训室使用规定每项扣3分	10	
备注			合计	100	
老师签字			年　　月　　日		

 总结评价

"友情提醒"：对于自我评价、小组评价等，应体现出公平、公正、公开的原则。

评价结论以"很满意、比较满意、还要加把劲"等这种性质评语为好，因为它能更有效地帮助和促进学生的发展。小组成员互评，在你认为合适的地方打勾。

组长评价、教师评价均以自我评价为依据，考核采用 A（80~100分）、B（60~79分）、C（0~59分）等级，组长与教师的评价总分各占本任务的20%。**本任务合计总分为_____。**

项目	评价内容	自我评价		
		很满意	比较满意	还要加把劲
职业素养考核项目	安全意识、责任意识强；工作严谨、敏捷			
	学习态度主动；积极参加教学安排的活动			
	团队合作意识强；注重沟通、互相协作			
	劳动保护穿戴整齐；干净、整洁			
	仪容仪表符合活动要求；朴实、大方			
专业能力考核项目	按时按要求独立完成任务；质量高			
	相关专业知识查找准确及时；知识掌握扎实			
	技能操作符合规范要求；操作熟练、灵巧			
	注重工作效率与工作质量；操作成功率高			
小组评价意见		综合等级	组长签名：	
老师评价意见		综合等级	老师签名：	

拓展训练 装调组合机床控制电路

两工位钻孔、攻螺纹组合机床，能自动完成钻孔和螺纹加工，自动化程度高，生产效率高。两工位钻孔、攻螺纹组合机床示意图如图 3 – 4 – 1 所示。

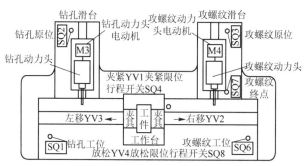

图 3 – 4 – 1　两工位钻孔、攻螺纹组合机床示意

机床主要由床身、工作台、夹具、钻孔滑台、钻孔动力头、攻螺纹滑台、攻螺纹动力头、滑台移动控制凸轮和液压系统等组成。

工作台和夹具用以完成工件的移动和夹紧，实现自动加工。钻孔滑台和钻孔动力头用以实现钻孔加工量的调整和钻孔加工。攻螺纹滑台和攻螺纹动力头用以实现攻螺纹加工量的调整和攻螺纹加工。工作台的移动（左移、右移），夹具的夹紧、放松，钻孔滑台和攻螺纹滑台的移动（前移、后移），均由液压系统控制。其中，移动两个滑台的液压系统由滑台移动控制凸轮来控制，工作台的移动和夹具的夹紧与放松由电磁阀控制。

根据设计要求，工作台的移动和滑台的移动应严格按规定的时序同步进行，两种运动密切配合，以提高生产效率。

控制要求如下。系统通电，自动启动液压泵电动机 M1；若机床各部分在原位（工作台在钻孔工位限位行程开关 SQ1 动作，钻孔滑台在钻孔原位行程开关 SQ2 动作，攻螺纹滑台在攻螺纹原位行程开关 SQ3 动作），并且液压系统压力正常，压力继电器 PV 动作，原点指示灯 HL1 亮。

将工件放在工作台上，按下启动按钮 SB，夹紧电磁阀 YV1 得电，液压系统控制夹具将工件夹紧，与此同时控制凸轮电动机 M2 得电运转。当夹紧限位行程开关 SQ4 动作后，表明工件已被夹紧。启动钻孔动力头电动机 M3，且由于凸轮电动机 M2 运转，通过滑台移动控制凸轮控制相应的液压阀使钻孔滑台前移，进行钻孔加工。当钻孔滑台到达终点时，钻孔滑台自动后退，到钻孔原位时停止，M3 同时停止。

等到钻孔滑台回到钻孔原位后，工作台右移，电磁阀 YV2 得电，液压系统使工作台右移，当工作台到攻螺纹工位时，SQ6动作，工作台停止。攻螺纹动力头电动机M4正转，攻螺纹滑台开始前移，进行攻螺纹加工。当攻螺纹滑台到终点时（SQ7动作），制动电磁铁DL得电，攻螺纹动力头电动机制动，0.3 s后攻螺纹动力头电动机M4反转，同时攻螺纹滑台通过滑台移动控制凸轮使其自动后退。

当攻螺纹滑台后退到攻螺纹原位时，攻螺纹动力电动机M4停止，凸轮正好运转一个周期，凸轮电动机M2停止，延时3 s后工作台左移，电磁阀YV3得电，工作台左移到钻孔工位时停止。放松电磁阀YV4得电，放松工件，放松限位行程开关SQ8动作后停止放松，原点指示灯亮，取下工件，加工过程完成。

两个滑台的移动是通过滑动移动控制凸轮控制液压系统液压阀来实现的，电气系统不参与，只需启动凸轮电动机M2即可。在加工过程中，应启动冷却泵电动机M5，供给切削液。

 任务实施

1. I/O 点地址分配

组合机床PLC控制的I/O点地址分配如表3－4－1所示。

表3－4－1　组合机床PLC控制的I/O点地址分配

输入信号			输出信号		
PLC地址	电气符号	功能说明	PLC地址	电气符号	功能说明
I0.0	PV	压力检测，常开	Q0.0	DL	制动电磁铁
I0.1	SQ1	钻孔工位限位行程开关，常开	Q0.1	KM1	液压泵电动机M1
I0.2	SQ2	钻孔滑台原位行程开关，常开	Q0.2	KM2	凸轮电动机M2
I0.3	SQ3	攻螺纹滑台原位行程开关，常开	Q0.3	KM3	钻孔动力头电动机M3
I0.4	SQ4	YV1夹紧限位行程开关，常开	Q0.4	KM6	冷却泵电动机M5
I0.6	SQ6	攻螺纹工位行程开关，常开	Q0.5	KM4	攻螺纹动力头电动机M4正转
I0.7	SQ7	攻螺纹滑台终点行程开关，常开	Q0.6	KM5	攻螺纹动力头电动机M4反转
I1.0	SQ8	YV4放松限位行程开关，常开	Q1.0	YV1	夹紧电磁阀
I1.1	SB	启动开关，常开	Q1.1	YV2	工作台右移电磁阀
I1.2	SA	SA＝1：手动；SA＝0：自动	Q1.2	YV3	工作台左移电磁阀
	SB1	液压泵手动按钮	Q1.3	YV4	放松电磁阀
	SB2	凸轮电动机手动按钮	Q1.4	HL1	原点指示灯
	SB3	钻孔手动按钮	Q1.5	HL2	自动指示灯
	SB4	手动攻螺纹正转按钮	Q1.6	HL3	手动指示灯
	SB5	手动攻螺纹反转按钮	Q1.7		电源

续表

输入信号			输出信号		
PLC 地址	电气符号	功能说明	PLC 地址	电气符号	功能说明
	SB6	冷却泵手动按钮			
	SB7	手动夹紧按钮			
	SB8	手动右移按钮			
	SB9	手动左移按钮			
	SB10	手动放松按钮			

2. PLC 外部接线图绘制

画出组合机床 PLC 控制的 PLC 外部接线图，如图 3 - 4 - 2 所示。

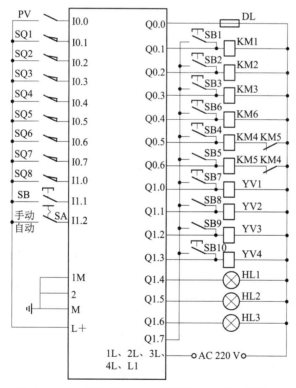

图 3 - 4 - 2　组合机床 PLC 控制的 PLC 外部接线图

3. 程序设计

根据控制要求，设计出组合机床 PLC 控制的顺序功能图，如图 3 - 4 - 3 所示。

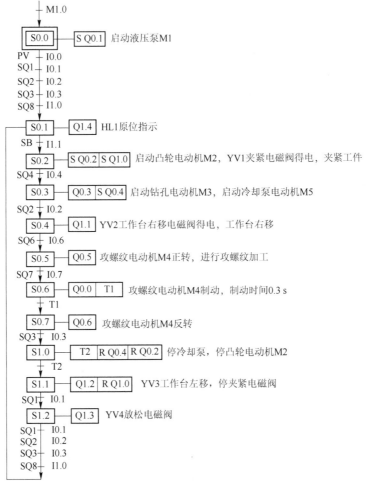

图 3 – 4 – 3　组合机床 PLC 控制的顺序功能图

4. 设计梯形图

考虑具体情况，在设置自动循环循环控制的同时，也设置了手动控制，在驱动回路中接入转换开关。组合机床 PLC 控制的梯形图由学生自行设计，在梯形图程序设计时须注意：攻螺纹动力头电动机 M4 正转和反转之间应互锁。

新知识新技术　基于 S7 – 1200PLC 的交通灯控制器

项目四
小型自动化系统综合应用

【项目描述】

工业自动化设备主要指应用于移动终端、新能源、汽车、硬盘、医疗健康和物流等领域的自动化加工、检测、控制系统及相关仪器设备。近半个世纪以来，在劳动力成本持续上升、自动化技术水平不断提高的共同作用下，自动化设备制造业发展迅速，推动着其他行业的产业升级和技术进步，其发展水平是国家综合实力的体现。作为为国民经济各行业提供技术设备的战略性产业，自动化设备制造业具有关联度高、成长性好、带动性大等特点。

随着经验的积累和产业政策的支持，我国自动化设备制造业的发展深度和广度逐步提升，以自动化成套生产线、智能控制系统、工业机器人、新型传感器为代表的智能装备产业体系初步形成，一批具有自主知识产权的重大智能装备实现突破。目前，我国国内企业已经能生产大部分中低端自动化设备，基本满足电子、汽车、工程机械、物流仓储等领域对中低端自动化设备的需求。同时，国内还涌现了少数具有较强竞争力的大型自动化设备制造企业，它们拥有自主知识产权和自动化设备制造能力，能够独立研发自动化设备高端产品，产品性能和技术水平与国外同类产品相近，部分产品的核心技术已经达到国际先进水平。

工业自动化设备的功能结合工业需求，型号种类较多，但每一个设备一般都是由不同的基本功能组合而成的，以最终实现强大的功能。因此，作为技术人员，熟练掌握各类小型自动化设备的装调、维修以及综合应用，将是高技能专业技术人才必由之路，也是掌握高级技术技能的基石。

在现代工业控制中，PLC 技术得到广泛运用。PLC 控制系统可以通过程序编写的方式实现控制要求，能实现继电控制系统不好实现或不能实现的控制功能，且接线简单，可靠性高，控制任务改变时不需要改变线路，可利用软件编程的方式对控制进行改进，充分体现 PLC 的"柔性"控制。用 PLC 控制系统实现小型自动化设备，也因此更具有通用性与工业功能的适用性。

本项目主要介绍用西门子 S7 – 200 系列 PLC 实现的小型自动化设备。通过学习具有代表性的小型自动化设备的综合运用来提升作为专业技术人员的综合技能，比如通过阅读设备技术资料进而进行设备装调，以及在小型自动化设备中，尤其是作为主流通用控制器的西门子 S7 – 200 PLC 中，对经常用到的功能指令进行学习与训练。

【项目应用场景】

某公司车间由多条流水线组成，现在其中的两条流水线需要进行衔接，中间的过渡是由机械手来实现的。某机械手对流水线上的工件搬运示意图如图 4 – 1 – 1 所示。该机械手的任务是将工件从 A 传送带搬运到 B 传送带上来（A、B 传送带不用 PLC 控制）。机械手的初始状态为原点位置，此时机械手在最上面以及最右面，而且机械手爪处于放松状态。

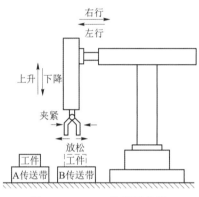

图 4 – 1 – 1　工件搬运示意

机械手工作流程为：按下启动按钮后，从原点位置开始，机械手将执行 "左行→下降→夹紧→上升→右行→下降→放松→上升" 的工作流程，此为一个周期。这些动作均由电磁阀来控制。特别提醒，夹紧和放松动作仅由一个电磁阀来控制，该电磁阀状态为 1 表示夹紧，否则为放松状态。左行、右行、上升、下降这些动作由限位开关来切换，夹紧、放松动作由定时器来切换，且定时时间为 1 s。

【项目分析】

本项目主要从小型自动化设备的综合应用设计角度出发，给专业技术人员一个较为全面的设计思路与方法借鉴，并立足于工业控制需求，综合运用硬件准备与软件调试等方面的知识，对 PLC 控制设计中常用的功能指令进行介绍；希望通过实际案例的介绍与指令的基本用法分析，提升专业技术人员对自动化设备的综合运用水平。

【相关知识和技能目标】

1. S7 – 200 PLC 功能指令的作用和分类。

2. 常用功能指令的指令格式、操作元件以及使用技巧。

3. 数据传送、移位、数值比较指令的格式和使用方法。

4. 数学运算指令的格式及使用方法。

5. 机械手的工作过程及控制要求。

6. 能识读功能指令程序，进行故障分析及排查。

7. 智能分拣工作站的工作过程及控制方法。

8. 数据存储器和变址存储器在程序中的应用。

9. 会使用数据传送指令、数学运算指令、数值比较指令、移位指令等功能指令。

10. 在程序设计中正确选用适当的功能指令，实现对自动化设备的控制。

11. 数据理解并分析基本的电气控制原理图。

12. 常用气动元件、电磁元件的安装使用注意事项。

13. 变频器的基本参数设定流程与方法。

14. 识读并绘制小型自动化系统的 PLC 外部接线图。

15. 分析说明 PLC 控制程序控制功能。

16. 能够奉行敬业精神，外化为自觉行动。

任务1 机械手控制系统设计应用

 任务目标

1. 了解机械手控制系统的控制功能；
2. 能识读实现功能的硬件电路，分析、理解控制要求；
3. 能理解实现控制功能的设计程序；
4. 能够掌握常用功能指令的实例应用；
5. 能够奉行敬业精神，外化为自觉行动。

 任务分析

本任务从机械手需要实现的控制功能出发，对机械手控制系统进行综合设计。因此，完成此任务需要立足于对控制功能的进一步分析与理解，在完善功能的基础上，实现机械手控制电路以及软件程序。

结合机械手的搬运流程，需要运用传感器、磁性开关，以及行程开关等，作为其位置检测，主要的执行部件就是通过电磁换向阀以及气缸等来实现机械手的动作，其相关的运动流程如图4-1-2所示。

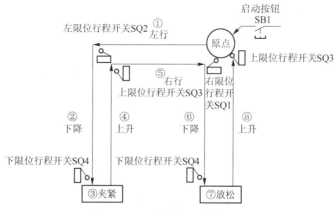

图4-1-2 机械手工作流程图

为了满足实际生产的需求，将机械手设置手动和自动两种工作模式，其中自动工作模式又包括单步、单周、连续和回原点4种工作方式。操作面板布置如图4-1-3所示。

（1）手动工作模式。利用按钮对机械手每个动作进行单独控制。在该工作模式中，设有6个手动按钮，分别控制左行、右行、上升、下降、夹紧和放松6个动作。

（2）单步工作方式。从原点位置开始，每按一下启动按钮，系统跳转一步，完成该步任务后自动停止，再按一下启动按钮，才开始执行下一步动作。单步工作方式常常用于系统的调试和维修。

（3）单周工作方式。按下启动按钮，机械手从原点开始，按图4-1-2工作流程完成一个周期后，返回原点并停留在原点位置。

（4）连续工作方式。机械手在原点位置时，按下启动按钮，机械手从原点位置开始，将按图4-1-2所示工作流程周期性循环动作。按下停止按钮，机械手并不马上停止工作，而是待完成最后一个周期工作后，系统才返回并停留在原点位置。

（5）回原点工作方式。机械手有时可能会停止在非原点位置，这时机械手无法进入自动工作模式，所以需对机械手的位置进行调整，当按下启动按钮时，机械手会按其回原点程序由其他位置回到原点位置。

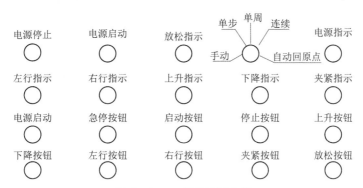

图4-1-3 操作面板布置

 任务咨询

一、PLC控制系统设计流程中的基本原则与步骤

在掌握PLC的工作原理、编程语言、内部编程元件、硬件配置，以及编程方法后，具有一定系统控制设计基础的电气工程技术人员就可以进行PLC控制系统的设计。

由于PLC是一种计算机化的高科技产品，相对继电器来说价格较高，因此在PLC控制系统设计之前，就要考虑是否有必要使用PLC。

通常在以下情况可以考虑使用PLC：

（1）控制系统的数字量I/O点数较多，控制要求复杂。若使用继电器控制，则需要大量的中间继电器、时间继电器等器件。

（2）对控制系统的可靠性要求较高，继电器控制系统难以满足控制要求。

（3）由于生产工艺流程或产品的变化，需要经常改变控制系统的控制关系或控制参数。

（4）可以用一台PLC控制多个生产设备。

附带说明：对于控制系统简单、I/O点数少、控制要求并不复杂的情况，则无须使用PLC控制，使用继电器控制就完全可以了。

1. PLC控制系统设计的基本原则

在实际生产过程中，任何一种控制都是以满足生产工艺的控制要求、提高生产质量和效率为目的的，因此在PLC控制系统的设计时，应遵循以下基本原则。

（1）最大限度地满足生产工艺的控制要求。满足生产工艺的控制要求，是PLC控制系统设计的首要前提。这就需要设计人员深入现场进行调查研究、资料收集，同时要注意与操作员和工程管理人员密切的配合，共同讨论解决设计中出现的问题。

（2）确保控制系统的安全可靠是设计的重要原则。这就要求设计人员在设计时，应全面地考虑控制系统的硬件和软件。

（3）力求使系统简单、经济，注意降低工程成本，提高工程效益，符合用户的操作习惯和方便维修。

（4）设计人员应考虑生产的发展和改进，以便于使用和维修为目的，在设计时留有适当裕量。

2. PLC控制系统设计的一般步骤

PLC控制系统设计的流程如图4-1-4所示，具体设计过程如下。

（1）深入了解被控系统的工艺过程和控制要求。首先应该详细分析被控对象的工艺过程及工作特点，了解被控对象机、电、液之间的关系，提出被控对象对PLC控制系统的要求。控制要求具体有以下几个方面。

①控制的基本方式：行程控制，时间控制、速度控制、电流和电压控制等。

②需要完成的动作：动作及其顺序、动作条件。

③操作方式：手动（点动、回原点）、自动（单步、单周、自动运行）以及必要的保护，报警、联锁和互锁。

④确定软硬件分工：根据控制工艺的复杂程度，确定软硬件分工，可从技术方案、经济性、可靠性等方面做好软硬件的分工。

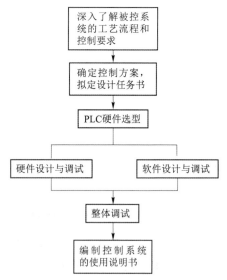

图4-1-4 PLC控制系统设计的流程

（2）确定控制方案，拟定设计说明书。在分析完被控对象控制要求的基础上，可以确定控制方案，通常有以下几种方案供参考。

①单控制器系统：单控制系统指采用一台PLC控制一台或多台被控设备的控制系统。

②多控制器系统：多控制器系统即分布式控制系统，该系统中每个控制对象都有一台PLC，各台PLC之间可以通过信号传递进行内部联锁，或由上位机通过总线进行通信控制。

③远程I/O控制系统：远程I/O系统是I/O模块不与PLC放在一起，而是远距离放在

被控设备附近。

（3）PLC硬件选型：在功能满足的条件下，保证系统安全可靠运行，尽量兼顾价格。

（4）硬件设计：PLC控制系统的硬件设计主要包括I/O点地址分配、系统主回路和控制回路的设计、PLC输入/输出电路的设计及控制柜和操作台电气元件安装布局设计等。

（5）软件设计：PLC软件设计包括系统初始化程序、主程序、子程序、中断程序等，小型数字量控制系统往往只需要主程序。

（6）软硬件调试：调试分为模拟调试和联机调试。

（7）编制控制系统的使用说明书。

二、西门子S7-200系列PLC功能指令简介与应用

PLC的功能指令又称应用指令，是指在完成基本逻辑控制、定时控制、顺序控制的基础上，PLC制造商为满足用户不断提出的一些特殊控制要求而开发的指令。功能指令的分类及用途如下。

（1）程序控制类：含跳转、子程序、中断、循环等指令，用于程序结构及流程的控制。

（2）数据处理类：含传送、比较、移位与循环移位、数字运算、逻辑操作、转换等指令，用于各种运算。

（3）特种功能类：含时钟、高速计数、表功能、PID处理等指令，用于实现某些专用功能。

（4）外围设备类：含输入/输出接口设备指令及通信指令等，用于主机内外设备间的数据交换。

1. 数据传送指令的功能及其应用举例

（1）常用数据传输指令格式如表4-1-1所示。

表4-1-1　常用数据传输指令格式

项目	字节B传送	字W传送	双字D传送
梯形图	MOV_B EN　ENO IN　OUT	MOV_W EN　ENO IN　OUT	MOV_DW EN　ENO IN　OUT
指令表	MOVB IN, OUT	MOVW IN, OUT	MOVD IN, OUT

（2）基本的常用数据类型如下。

①位：位是存储器的最小单位，1个位可以存储1个二进制数据，如图4-1-5所示。

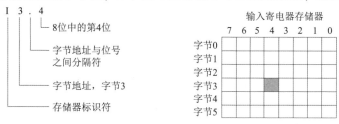

图4-1-5　位和字节

②字节：字节是存储器的基本单元，每个字节由 0～7 八个位元件构成，如图 4 - 1 - 5 所示。

③字：1 个字包含 2 个字节，如图 4 - 1 - 6 所示。

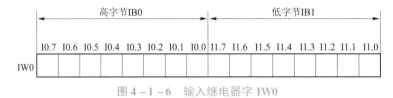

图 4 - 1 - 6　输入继电器字 IW0

④双字：1 个双字含 2 个字或 4 个字节，如输入继电器双字 ID0，如图 4 - 1 - 7 所示。

图 4 - 1 - 7　输入继电器双字 ID0

（3）应用举例。设有 8 盏指示灯，控制要求是：当 I0.0 接通时，全部灯亮；当 I0.1 接通时，奇数灯亮；当 I0.2 接通时，偶数灯亮；当 I0.3 接通时，全部灯灭。试设计电路和用数据传送指令编写程序。

①控制电路如图 4 - 1 - 8 所示。

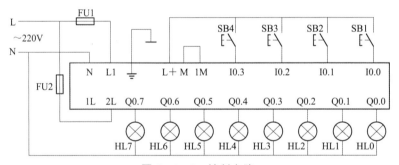

图 4 - 1 - 8　控制电路

②控制关系如表 4 - 1 - 2 所示。

表 4 - 1 - 2　控制关系

输入继电器	输出继电器 QB0								输出数据
	Q0.7	Q0.6	Q0.5	Q0.4	Q0.3	Q0.2	Q0.1	Q0.0	
I0.0	1	1	1	1	1	1	1	1	16#FF
I0.1	1	0	1	0	1	0	1	0	16#AA
I0.2	0	1	0	1	0	1	0	1	16#55
I0.3	0	0	0	0	0	0	0	0	0

③控制程序如图 4 - 1 - 9 所示。

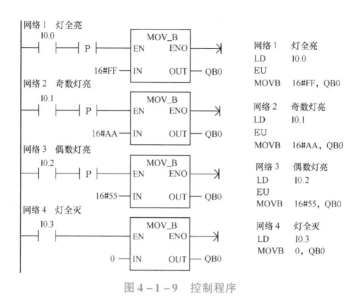

图 4 - 1 - 9　控制程序

2. JMP、LBL 及 SEG（七段译码）指令的功能及应用举例

（1）程序控制指令包括条件结束、停止、看门狗复位、For - Next 循环指令、跳转与标号指令、顺控继电器（SCR）指令、LED 诊断指令等。

跳转指令 JMP（Jump）、标号指令 LBL（Label）的梯形图和语句表如表 4 - 1 - 3 所示。

表 4 - 1 - 3　跳转指令及标号指令的梯形图和语句表

指令名称	梯形图	语句表	操作数范围
跳转指令	N —（JMP）	JMP　N	操作数 N 为常数 0~255
标号指令	N LBL	LBL　N	

（2）数据转换指令包括 BCD 码转换指令、数据类型转换指令、数据的编码和译码指令、七段译码指令、ASCII 码转换指令，以及字符串类型转换指令。

七段译码指令 SEG（Segment）的梯形图和语句表如表 4 - 1 - 4 所示。

表 4 - 1 - 4　七段译码指令的梯形图和语句表

指令名称	梯形图	语句表	操作数及数据类型
七段译码指令	SEG EN　ENO IN　OUT	SEG　IN, OUT	IN：VB、IB、QB、MB、SB、SM、SMB、LB、AC、常数； OUT：VB、IB、QB、MB、SM、SMB、LB、AC； IN/OUT 的数据类型：字节

（3）应用举例（抢答器的 PLC 控制）。如图 4 – 1 – 10 所示，输入量有 1 个复位按钮 SB0 和 4 个抢答按钮 SB1、SB2、SB3、SB4，输出量包括七段数码管和蜂鸣器。对应七段数码管的每一段都应分配一个输出端子，可以设计不同的程序驱动七段数码管。各组抢答按钮之间应采用电气联锁，以保证某一组抢答按钮按下时，其他组即使按下抢答按钮也无效。复位按钮不仅要将抢答器复位，同时应将七段数码管复位。本次的应用举例采用 PLC 功能指令中的跳转、标号指令以及七段译码指令设计梯形图程序。

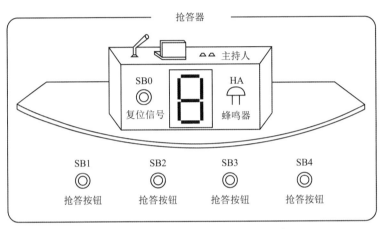

图 4 – 1 – 10　抢答器的 PLC 控制示意

①抢答器 PLC 控制电路如图 4 – 1 – 11 所示。

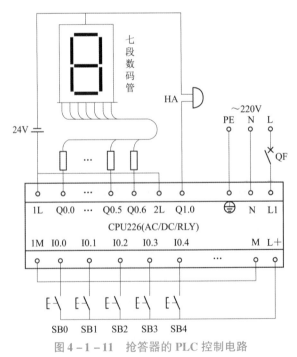

图 4 – 1 – 11　抢答器的 PLC 控制电路

②抢答器 PLC 控制输入/输出变量如图 4 – 1 – 12 所示。

图 4－1－12　抢答器 PLC 控制输入/输出变量

③抢答器 PLC 控制程序如图 4－1－13 和图 4－1－14 所示。

3. 数值比较指令、递增和递减指令的功能及应用举例

（1）数值比较指令。数值比较指令用来比较两个操作数 IN1 与 IN2 的大小关系，如大于、大于等于、等于、小于、小于等于和不等于。

数值比较指令在梯形图中用带参数（即两个操作数 IN1、IN2）和运算符的触点表示，比较条件成立时，触点闭合，否则断开，所以数值比较指令实际上也是一种位指令。

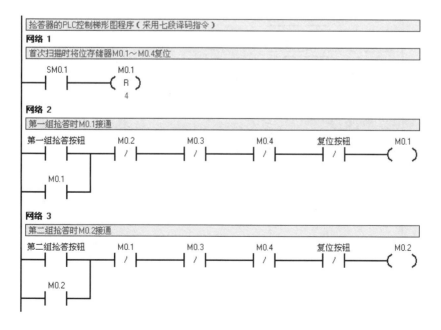

图 4－1－13　抢答器 PLC 控制程序（一）

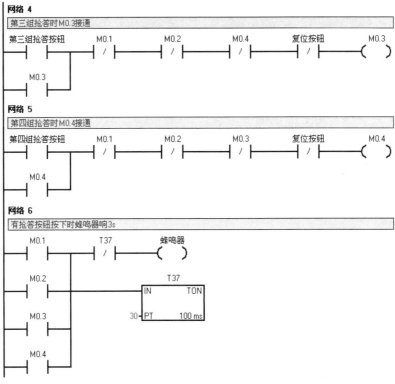

图 4-1-13 抢答器 PLC 控制程序（一）（续）

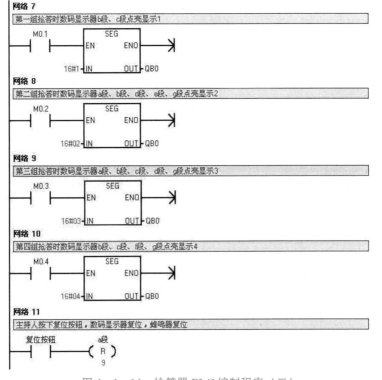

图 4-1-14 抢答器 PLC 控制程序（二）

在语句表中，数值比较指令与基本逻辑指令 LD、A 和 O 进行组合后编程，当比较结果为真时，PLC 将栈顶值置"1"。数值比较指令为上、下限控制以及数值条件判断提供了方便。数值比较指令的类型有字节比较、整数比较、双字整数比较和实数比较；数值比较指令的运算符有">"">="" = =""<""<=" 和 "<>"。

数值比较指令格式如表 4 - 1 - 5 所示。

表 4 - 1 - 5　数值比较指令格式

比较符号	字节比较	整数比较	双整数比较	比较符号
梯形图	IN1 —╎ ==B ╎— IN2	IN1 —╎ ==I ╎— IN2	IN1 —╎ ==D ╎— IN2	
指令表	LDB = 　IN1，IN2 LDB < > IN1，IN2 LDB < 　IN1，IN2 LDB < = IN1，IN2 LDB > 　IN1，IN2 LDB > = IN1，IN2 AB = 　　IN1，IN2 AB < > 　IN1，IN2 AB < 　　IN1，IN2 AB < = 　IN1，IN2 AB > 　　IN1，IN2 AB > = 　IN1，IN2 OB = 　　IN1，IN2 OB < > 　IN1，IN2 OB < 　　IN1，IN2	LDW = 　IN1，IN2 INW < > IN1，IN2 LDW < 　IN1，IN2 LDW < = IN1，IN2 LDW > 　IN1，IN2 LDW > = IN1，IN2 AW = 　　IN1，IN2 AW < > 　IN1，IN2 AW < 　　IN1，IN2 AW < = 　IN1，IN2 AW > 　　IN1，IN2 AW > = 　IN1，IN2 OW = 　　IN1，IN2 OW < > 　IN1，IN2 OW < 　　IN1，IN2	LDD = 　IN1，IN2 LDD < > IN1，IN2 LDD < 　IN1，IN2 LDD < = IN1，IN2 LDD > 　IN1，IN2 LDD > = IN1，IN2 AD = 　　IN1，IN2 AD < > 　IN1，IN2 AD < 　　IN1，IN2 AD < = 　IN1，IN2 AD > 　　IN1，IN2 AD > = 　IN1，IN2 OD = 　　IN1，IN2 OD < > 　IN1，IN2 OD < 　　IN1，IN2	= ：等于 < > ：不等于 < ：小于 < = ：小于等于 > ：大于 > = ：大于等于 LD：取比较触点 A：串联比较触点 O：并联比较触点

（2）递增和递减指令。递增和递减指令用于自增/自减操作，以实现累加计数和循环控制等程序的编制，包括字节、字、双字递增和递减指令。

字节递增指令 INC_B 和字节递减指令 DEC_B 将输入字节（IN）加 1 或减 1，并将结果存入 OUT 指定的变量中。字节递增和递减指令是无符号的，这些功能会影响 SM1.0（零）和 SM1.1（溢出）。

字递增指令 INC_W 和字递减指令 DEC_W 将输入字（IN）加 1 或减 1，并将结果存入 OUT 指定的变量中。字递增和递减指令是有符号的（16#7FFF > 16#8000）。

双字递增指令 INC_D 和双字递减指令 DEC_D 将输入双字（IN）加 1 或减 1，并将结果存入 OUT 指定的变量中。

递增和递减指令格式如表 4 - 1 - 6 所示。

（3）应用举例（密码锁的 PLC 控制）。密码锁的 6 位密码预设为"791026"，用户按正确顺序输入这 6 位密码，按"确认"键后，门开；用户输入错误，按"确认"键后，门不开同时报警；按"复位"键可以重新输入密码。在程序设计时，要注意考虑必须按正确顺序输入 6 位密码，否则即使输入正确的 6 位密码数字，但是顺序不对，也不能开锁。当然输入密码的位数不足 6 位或者多于 6 位时，也不能开锁。

表4-1-6　递增和递减指令格式

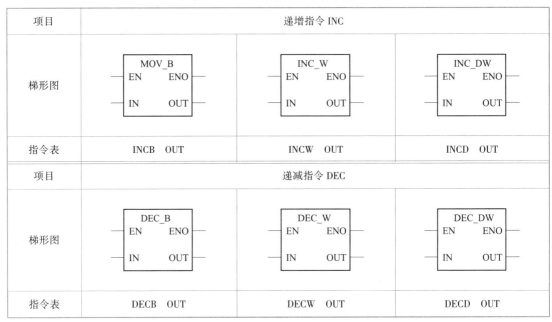

项目	递增指令INC		
梯形图	MOV_B EN　ENO IN　OUT	INC_W EN　ENO IN　OUT	INC_DW EN　ENO IN　OUT
指令表	INCB　OUT	INCW　OUT	INCD　OUT
项目	递减指令DEC		
梯形图	DEC_B EN　ENO IN　OUT	DEC_W EN　ENO IN　OUT	DEC_DW EN　ENO IN　OUT
指令表	DECB　OUT	DECW　OUT	DECD　OUT

①密码锁PLC控制的I/O点地址分配如表4-1-7所示。

表4-1-7　密码锁PLC控制的I/O点地址分配

输入量			输出量		
名称	字母代号	地址	名称	字母代号	地址
数字键0按钮	SB0	I0.0	开门接触器	KM	Q0.0
数字键1按钮	SB1	I0.1	报警器	HA	Q0.1
数字键2按钮	SB2	I0.2			
数字键3按钮	SB3	I0.3			
数字键4按钮	SB4	I0.4			
数字键5按钮	SB5	I0.5			
数字键6按钮	SB6	I0.6			
数字键7按钮	SB7	I0.7			
数字键8按钮	SB8	I1.0			
数字键9按钮	SB9	I1.1			
确认键按钮	SB10	I1.2			
复位键按钮	SB11	I1.3			

②密码锁PLC控制的PLC外部接线图4-1-15所示。

③密码锁PLC控制程序如图4-1-16～图4-1-19所示。

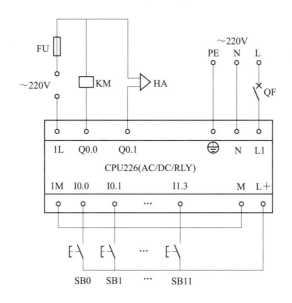

图 4－1－15 密码锁 PLC 控制的 PLC 外部接线图

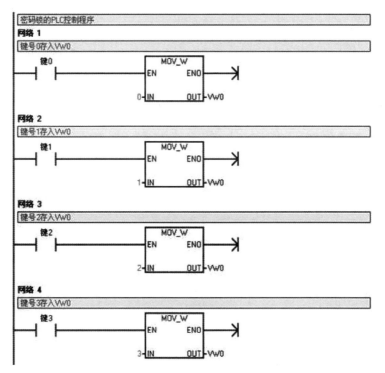

图 4－1－16 密码锁 PLC 控制程序（一）

4. 移位指令的功能及应用举例

（1）左移位指令：使能端输入有效时，将输入的字节、字、双字左移 N 位，右端补 0，并将结果输出至 OUT 指定的存储器单元，最后一次移出的位保存在 SM1.1 中，指令如表 4－1－8 所示。

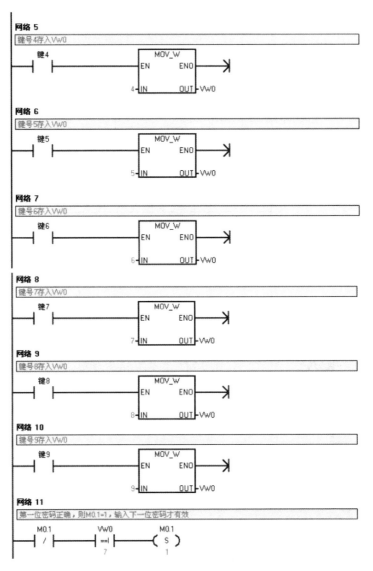

图 4 - 1 - 17　密码锁 PLC 控制程序（二）

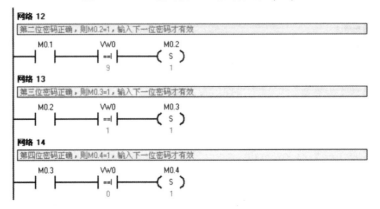

图 4 - 1 - 18　密码锁 PLC 控制程序（三）

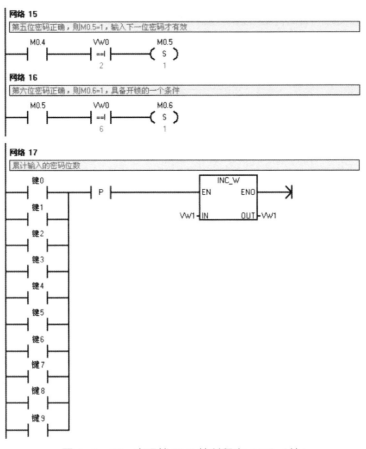

图 4 – 1 – 18　密码锁 PLC 控制程序（三）（续）

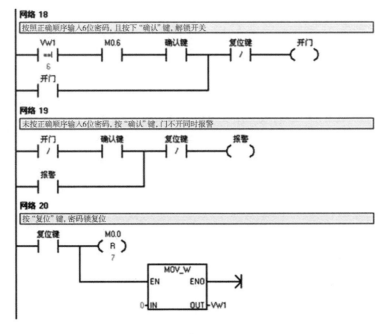

图 4 – 1 – 19　密码锁 PLC 控制程序（四）

表4－1－8　左移位指令

LAD	SHL_B EN　ENO ????－IN　　OUT－???? ????－N	SHL_W EN　ENO ????－IN　　OUT－???? ????－N	SHL_DW EN　ENO ????－IN　　OUT－???? ????－N
STL	SLB　OUT，N	SLW　OUT，N	SLD　OUT，N
操作数	IN：VB、IB、QB、MB、SB、SMB、LB、AC、常数； OUT：VB、IB、QB、MB、SB、SMB、LB、AC； 数据类型：字节	IN：VW、IW、QW、MW、SW、SMW、LW、T、C、AIW、AC、常数； OUT：VW、IW、QW、MW、SW、SMW、LW、T、C、AC； 数据类型：字	IN：VD、ID、QD、MD、SD、SMD、LD、HC、AC、常量； OUT：VD、ID、QD、MD、SD、SMD、LD、AC； 数据类型：双字
功能	使能输入有效时，即 EN＝1 时，把从输入 IN 开始的字节（字、双字）数左移 N 位后，结果输出至 OUT 指定的存储单元中。移出位补 0，最后一个移出位保存在溢出标志位存储器 SM1.1 中		

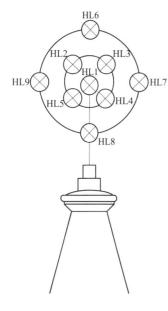

图4－1－20　天塔之光 PLC
控制系统示意

（2）右移位指令：当使能输入有效时，将输入的字节、字或双字 IN 右移 N 位后（左端补0），结果输出至 OUT 所指定的存储器单元中，并将最后一次移出位保存在 SM1.1 中。

（3）循环左移位指令：使能端输入有效时，字节、字、双字循环左移 N 位后，结果输出至 OUT 指定的存储单元中，并将最后一次移出的位送至 SM1.1 存放。

（4）循环右移位指令：使能端输入有效时，字节、字、双字循环右移 N 位后，将结果输出至 OUT 指定的存储单元中，并将最后一次移出的位送至 SM1.1 存放。

（5）应用举例（天塔之光 PLC 控制系统）如图4－1－20所示，此 PLC 控制系统的要求如下。

①按下启动按钮 SB1，彩灯 HL1 亮，2 s 后熄灭；彩灯 HL2、HL3、HL4、HL5 亮，2s 后熄灭；彩灯 HL6、HL7、HL8、HL9 亮，2s 后熄灭；然后 HL1 再亮……如此循环下去，形成由内向外发射形的灯光效果，直到按下停止按钮 SB2，所有彩灯全部熄灭。

②具有短路保护等必要的保护措施。

天塔之光 PLC 控制的 I/O 点地址分配如表4－1－9所示。

表4－1－9　天塔之光 PLC 控制的 I/O 点地址分配

输入量			输出量		
名称	字母代号	地址	名称	字母代号	地址
启动按钮	SB1	I0.0	彩灯	HL1	Q1.0
停止按钮	SB2	I0.1	彩灯	HL2	Q1.1
			彩灯	HL3	Q1.2

输入量			输出量		
名称	字母代号	地址	名称	字母代号	地址
			彩灯	HL4	Q1.3
			彩灯	HL5	Q1.4
			彩灯	HL6	Q1.5
			彩灯	HL7	Q1.6
			彩灯	HL8	Q1.7
			彩灯	HL9	Q0.0

天塔之光 PLC 控制电路如图 4 – 1 – 21 所示。

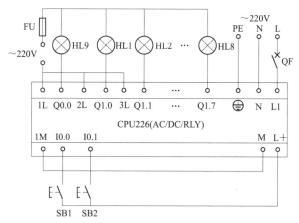

图 4 – 1 – 21　天塔之光 PLC 控制电路

天塔之光 PLC 控制程序如图 4 – 1 – 22 ~ 图 4 – 1 – 24 所示。

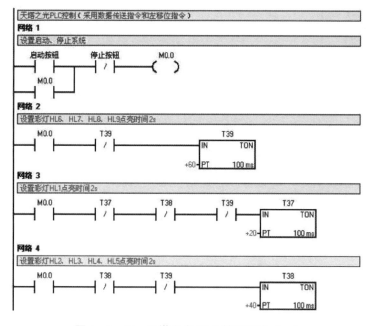

图 4 – 1 – 22　天塔之光 PLC 控制程序（一）

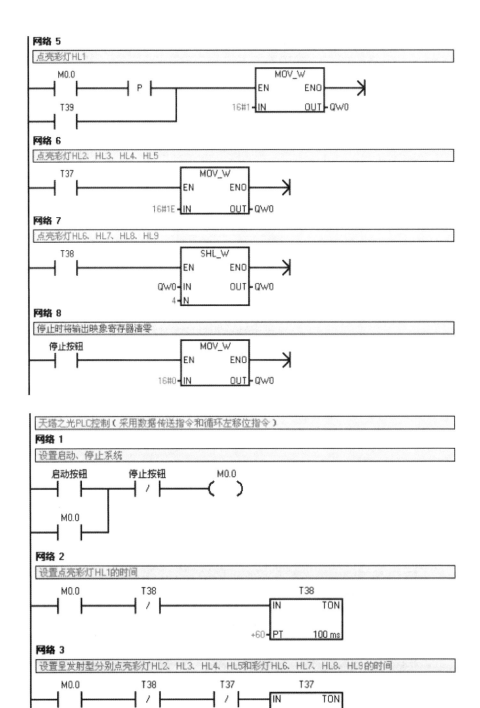

图 4 – 1 – 23　天塔之光 PLC 控制程序（二）

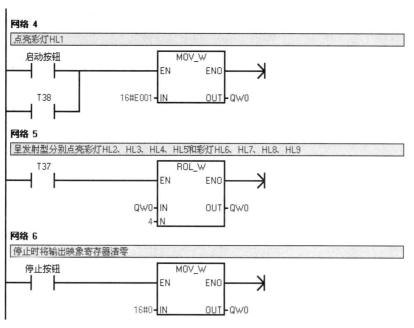

图 4 – 1 – 24　天塔之光 PLC 控制程序（三）

5. 加法、减法、乘法、除法指令（数学运算指令）的功能及应用举例

（1）加法指令（ADD）格式与应用举例，如表 4 – 1 – 10 和图 4 – 1 – 25 所示。

表 4 – 1 – 10　ADD 指令模式

项目	整数加法	双整数加法
梯形图	ADD_I EN　ENO IN1　OUT IN2	ADD_DI EN　ENO IN1　OUT IN2
指令表	+I　IN2，OUT	+D　IN2，OUT

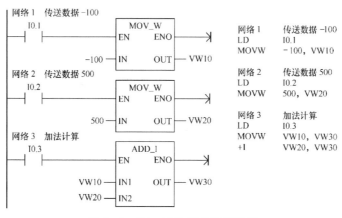

图 4 – 1 – 25　ADD 指令应用举例

165

（2）减法指令（SUB）格式与应用举例，如表4-1-11和图4-1-26所示。

表4-1-11　SUB指令格式

项目	整数减法	双整数减法
梯形图	SUB_I EN　ENO IN1　OUT IN2	SUB_DI EN　ENO IN1　OUT IN2
指令表	-I　IN2，OUT	-D　IN2，OUT

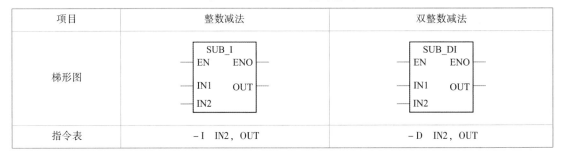

图4-1-26　SUB指令应用举例

（3）乘法指令（MUL）格式与应用举例，如表4-1-12和图4-1-27所示。

表4-1-12　MUL指令格式

项目	整数乘法	双整数乘法	整数乘法运算双整数输出
梯形图	MUL_I EN　ENO IN1　OUT IN2	MUL_DI EN　ENO IN1　OUT IN2	MUL EN　ENO IN1　OUT IN2
指令表	*I　IN2，OUT	*D　IN2，OUT	MUL　IN2，OUT

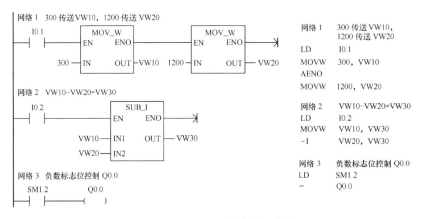

	地址	格式	当前值
1	VD30	有符号	+131076
2	VB30	无符号	0
3	VB31	无符号	2
4	VB32	无符号	0
5	VB33	无符号	4
6	VW30	有符号	+2
7	VW32	有符号	+4

图4-1-27　MUL指令应用举例

（4）除法指令（DIV）格式与应用举例，如表4-1-13和图4-1-28所示。

表4-1-13 DIV指令格式

项目	整数除法	双整数除法	整数除法运算双整数输出
梯形图	DIV_I EN ENO IN1 OUT IN2	DIV_DI EN ENO IN1 OUT IN2	DIV EN ENO IN1 OUT IN2
指令表	/I IN2，OUT	/D IN2，OUT	DIV IN2，OUT

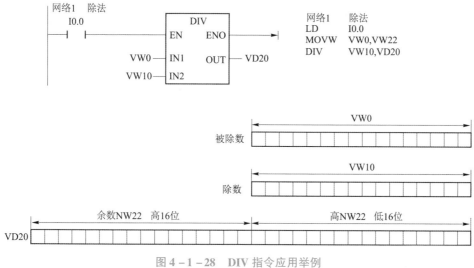

图4-1-28 DIV指令应用举例

（5）应用举例（数值运算控制系统的PLC控制）。该系统要求如下。

①从BCD拨码器SA1和SA2输入的数值，按下面公式进行运算，然后用七段数码管显示结果中个位上的数值。

②要具有短路保护等必要的保护措施。

数值运算控制系统PLC控制的I/O点地址分配如表4-1-14所示。

表4-1-14 数值运算控制系统PLC控制的I/O点地址分配

输入量			输出量		
名称	字母代号	地址	名称	字母代号	地址
拨码器	SA1	IB0	七段数码管	SEDG	QB0
拨码器	SA2	IB1			

数值运算控制系统的 PLC 外部接线图如图 4 – 1 – 29 所示。

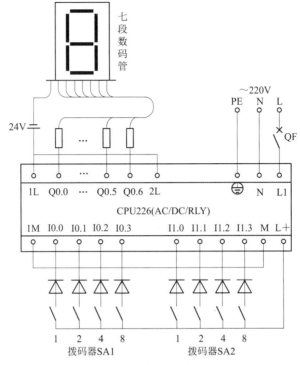

图 4 – 1 – 29　数值运算控制系统的 PLC 外部接线图

数值运算控制系统 PLC 控制程序如图 4 – 1 – 30 和图 4 – 1 – 31 所示。

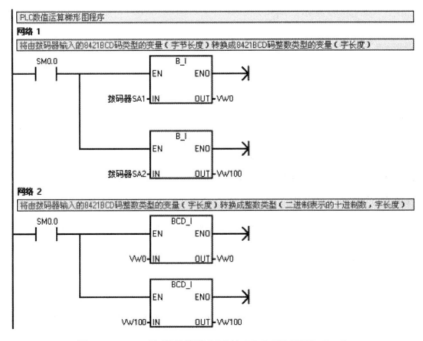

图 4 – 1 – 30　数值运算控制系统 PLC 控制程序 （一）

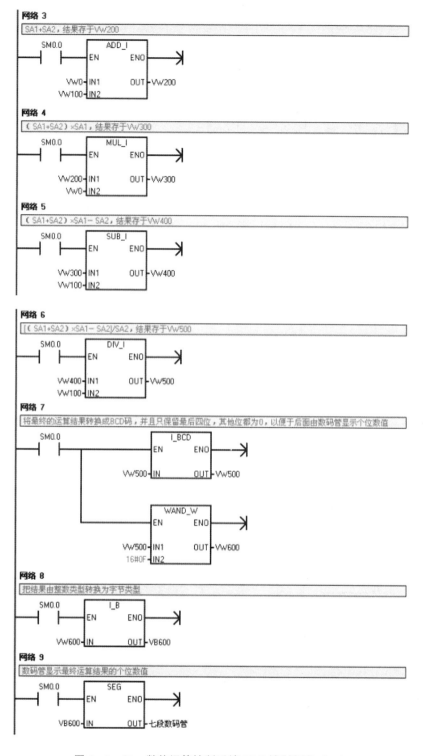

图 4 – 1 – 31 数值运算控制系统 PLC 控制程序（二）

6. 其余功能指令

（1）循环指令（FOR、NEXT）格式如表 4 – 1 – 15 所示。

表4-1-15　FOR、NEXT指令格式

项目	FOR 指令	NEXT 指令
梯形图	FOR —EN　ENO— —INDX —INIT —FINAL	—（NEXT）
指令表	FOR　INDX, INIT, FINAL	NEXT

（2）子程序指令（CALL、CRET）格式如表4-1-16所示。

表4-1-16　CALL、CRET 指令格式

项目	子程序调用指令	条件返回指令
梯形图	SBR_N —EN	——（RET）
指令表	CALL　SBR_N	CRET

（3）表功能指令格式如表4-1-17所示。

表4-1-17　表功能指令格式

指令名称	梯形图	语句表	操作数范围及数据类型
填表指令	AD_T_TBL —EN　ENO— —DATA —TBL	ATT　DATA, TBL	（1）DATA（数据输入端）：VW、IW、QW、MW、SW、SMW、LW、T、C、AIW、AC、＊VD、＊LD、＊AC、常数； 数据类型：整数。 （2）TBL（表格的首地址）：VW、IW、QW、MW、SW、SMW、LW、T、C、＊VD、＊LD、＊AC； 数据类型：字
先进先出指令	FIFO —EN　ENO— —TBL　DATA—	FIFO　TBL, DATA	（1）TBL：VW、IW、QW、MW、SW、SMW、LW、T、C、＊VD、＊LD、＊AC； 数据类型：字。 （2）DATA：VW、IW、QW、MW、SW、SMW、LW、AC、T、C、AQW、＊VD、＊LD、＊AC； 数据类型：整数
后进先出指令	LIFO —EN　ENO— —TBL　DATA—	LIFO　TBL, DATA	

续表

指令名称	梯形图	语句表	操作数范围及数据类型
查表指令	TBL_FIND EN　ENO TBL PTN INDX CMD	FND = 　TBL, PTN, INDX FND < > TBL, PTN, INDX FND < 　TBL, PTN, INDX FND > 　TBL, PTN, INDX	（1）TBL：VW、IW、QW、MW、SW、SMW、LW、T、C、*VD、*LD、*AC； 数据类型：字。 （2）PIN：VW、IW、QW、MW、SW、SMW、AIW、LW、T、C、AC、*VD、*LD、*AC； 数据类型：整数。 （3）INDX：VW、IW、QW、MW、SW、SMW、LW、T、C、AC、*VD、*LD、*AC； 数据类型：字。 （4）CMD（LAD、FBD）：常数； 数据类型：字节
存储器填充指令	FILL_N EN　ENO IN　OUT N	FILL　IN, OUT, N	（1）IN：VW、IW、QW、MW、SW、SMW、AIW、LW、T、C、AC、*VD、*LD、*AC、常数； 数据类型：整数。 （2）N：VB、IB、QB、MB、SB、SMB、LB、AC、*VD、*LD、*AC、常数； 数据类型：字节。 （3）OUT：VW、IW、QW、MW、SW、SMW、LW、T、C、AQW、*VD、*LD、*AC； 数据类型：整数

（4）BCD 码与整数的转换指令格式如表 4 - 1 - 18 所示。

表 4 - 1 - 18　BCD 码与整数的转换指令格式

LAD	I_DI EN　ENO ???? IN　OUT ????	I_BCD EN　ENO ???? IN　OUT ????
STL	BCDI　OUT	IBCD　OUT
操作数	（1）IN：VW、IW、QW、MW、SW、SMW、LW、T、C、AIW、AC、常量； 数据类型：字。 （2）OUT：VW、IW、QW、MW、SW、SMW、LW、T、C、AC； 数据类型：字	
功能	BCD-I 指令将二进制编码的十进制数 IN 转换成整数，并将结果送入 OUT 指定的存储单元，IN 的有效范围是 BCD 码 0～9 999	I-BCD 指令将输入整数 IN 转换成二进制编码的十进制数，并将结果送入 OUT 指定的存储单元，IN 的有效范围是 0～9 999

（5）译码和编码指令如表4-1-19所示。

表4-1-19　译码和编码指令

	DECO	ENCO
LAD	EN　　　ENO ???? — IN　　OUT — ????	EN　　　ENO ???? — IN　　OUT — ????
STL	DECO IN, OUT	ENCO IN, OUT
操作数	（1）IN：VB、IB、QB、MB、SMB、LB、SB、AC、常量； 　数据类型：字节。 （2）OUT：VW、IW、QW、MW、SMW、LW、SW、AQW、T、C、AC； 　数据类型：字	（1）IN：VW、IW、QW、MW、SMW、LW、SW、AIW、T、C、AC、常量； 　数据类型：字。 （2）OUT：VB、IB、QB、MB、SMB、LB、SB、AC； 　数据类型：字节
功能	译码指令根据输入字节（IN）的低4位表示的输出字的位号，将输出字的相对应的位置位为"1"，输出字的其他位均置位为"0"	编码指令将输入字（IN）最低有效位（其值为1）的位号写入输出字节（OUT）的低4位中

任务计划

"友情提醒"：通过资料查询，交流讨论等形式，从任务要求出发，做出任务计划安排。

1. 任务要求

本任务从机械手需要实现的控制功能出发，对 PLC 所控制的机械手运动系统进行综合设计。为了满足实际生产的需求，将机械手设置手动和自动2种工作模式，其中自动工作模式又包括单步、单周、连续和自动回原点4种方式。

（1）手动工作方式

利用按钮对机械手每个动作进行单独控制。在该工作方式中，设有6个手动按钮，分别控制左行、右行、上升、下降、夹紧和放松。

（2）单步工作方式

从原点位置开始，每按一下启动按钮，系统跳转一步，完成该步任务后自动停止，再按一下启动按钮，才开始执行下一步动作。单步工作方式常常用于系统的调试和维修。

（3）单周工作方式

按下启动按钮，机械手从原点开始，完成一个周期后，返回原点并停留在原点位置。

（4）连续工作方式

机械手在原点位置时，按下启动按钮，机械手从原点位置开始，周期性循环动作。按下停止按钮，待机械手完成最后一个周期工作后，系统才返回并停留在原点位置。

（5）自动回原点工作方式

机械手有时可能会停止在非原点位置，这时机械手无法进行自动工作方式，所以需对机械手的位置进行调整，当按下启动按钮时，机械手会按其回原点程序由其他位置回到原点位置。

2. 任务安排

结合任务控制要求，通过小组分析讨论等方式，并罗列完成工作任务的主要内容与方法步骤。例如需要对原继电器控制电路的工作原理进行分析；需要确定 PLC 控制的输入输出点；绘制接线图，并按照接线图完成接线；控制编写调试主要是利用 PLC 编程软件，根据控制要求编写控制程序并完成程序的下载及联合调试等工作任务的分解。将分任务安排到小组个人，确定完成任务所需使用的工具与时间等分配情况（工作计划表）。

任务 1：_____

任务 2：_____

任务 3：_____

任务 4：_____

任务 5：_____

任务 6：_____

任务 7：_____

任务 8：_____

工作流程	完成任务的资料、工具或方法	人员安排	时间分配	备注

任务决策

根据实际任务要求，在小组进行任务分解，并制定工作计划的基础上，依据小组团队成员认真讨论研究，阐述任务完成的方法与策略，确定完成工作的方案决策。最终由教师指导、确定方案。(建议分项目任务可以依据计划制决策定)。

决策1：＿＿＿＿＿＿＿＿＿＿＿＿＿＿＿＿＿＿＿＿＿＿＿＿＿＿＿＿＿＿＿＿

决策2：＿＿＿＿＿＿＿＿＿＿＿＿＿＿＿＿＿＿＿＿＿＿＿＿＿＿＿＿＿＿＿＿

决策3：＿＿＿＿＿＿＿＿＿＿＿＿＿＿＿＿＿＿＿＿＿＿＿＿＿＿＿＿＿＿＿＿

决策4：＿＿＿＿＿＿＿＿＿＿＿＿＿＿＿＿＿＿＿＿＿＿＿＿＿＿＿＿＿＿＿＿

决策5：＿＿＿＿＿＿＿＿＿＿＿＿＿＿＿＿＿＿＿＿＿＿＿＿＿＿＿＿＿＿＿＿

决策6：＿＿＿＿＿＿＿＿＿＿＿＿＿＿＿＿＿＿＿＿＿＿＿＿＿＿＿＿＿＿＿＿

决策7：＿＿＿＿＿＿＿＿＿＿＿＿＿＿＿＿＿＿＿＿＿＿＿＿＿＿＿＿＿＿＿＿

 任务实施

"友情提醒"：能够奉行敬业精神，外化为自觉行动。

1. PLC以及相关硬件元器件的选型

机械手控制系统采用西门子S7－200系列PLC的CPU226 CN模块，其中DC供电，DO输入、继电器输出型。

本PLC控制系统的输入信号有17个，均为开关量。其中操作按钮开关有8个，限位开关有4个，选择开关有1个（占5个输入点），PLC控制系统输出信号有5个，各个动作由直流24 V电磁阀控制。本PLC控制系统采用S7－200 PLC完全满足操作需要，且有一定裕量。

2. 机械手控制系统的硬件设计

（1）机械手控制系统的PLC（控制）I/O点地址分配如表4－1－20所示。

表4－1－20　机械手控制系统的PLC（控制）I/O点地址分配

输入量				输出量	
启动按钮	I0.0	右行按钮	I1.1	左行电磁阀	Q0.0
停止按钮	I0.1	夹紧按钮	I1.2	右行电磁阀	Q0.1
左限位	I0.2	放松按钮	I1.3	上升电磁阀	Q0.2
右限位	I0.3	手动	I1.4	下降电磁阀	Q0.3
上限位	I0.4	单步	I1.5	加紧/放松电磁阀	Q0.4
下限位	I0.5	单周	I1.6		
上升按钮	I0.6	连续	I1.7		
下降按钮	I0.7	回原点	I2.0		
左行按钮	I1.0				

（2）机械手控制系统的直流控制电路如图4－1－32所示。

（3）机械手控制系统的PLC外部接线如图4－1－33所示。

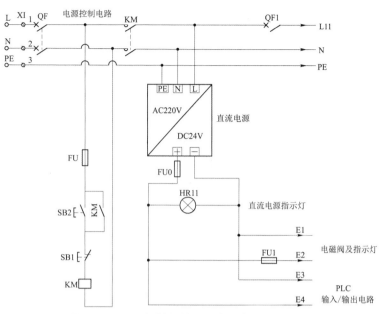

图 4 − 1 − 32　机械手控制系统的直流控制电路

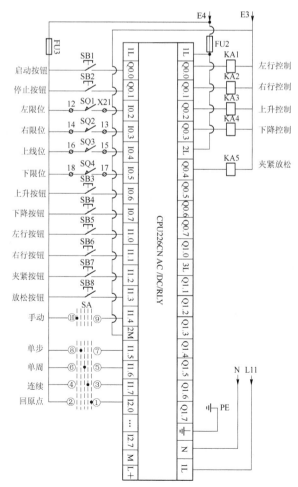

图 4 − 1 − 33　机械手控制系统的 PLC 外部接线

3. 机械手控制系统的程序设计

（1）在主程序中，当对应条件满足时，主程序将执行相应的子程序。子程序主要包括4大部分，分别为公共程序、手动程序、自动程序和回原点程序，如图4-1-34所示。

（2）公共程序：用于处理各种工作方式都需要执行的任务，以及不同工作方式之间互相切换的处理。公共程序的编写通常要考虑5个部分：原点条件、初始状态、复位非初始步、复位回原点步和复位连续标志位，如图4-1-35所示。

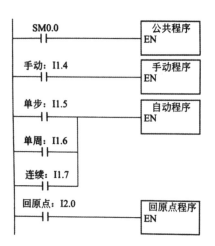

图4-1-34　机械手控制系统主程序

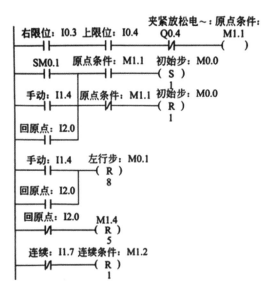

图4-1-35　机械手控制系统公共程序

（3）手动程序如图4-1-36所示。在手动程序编写时，需要注意以下几个方面：

①为了防止方向相反地两个动作同时被执行，手动程序设置了必要的互锁；

②为了防止机械手在最低位置与其他物体碰撞，在左、右行电路中串联上限位常开触点加以限制；

③只有在最左端或最右端机械手才允许上升、下降和放松，因此设置了中间环节加以限制。

（4）自动程序。机械手控制系统顺序功能图根据工作流程的要求，显然一个工作周期有"左行→下降→夹紧→上升→右行→下降→放松→上升"这8步，再加上初始步，共9步（从M0.0到M1.0）；在M1.0后应设置分支，考虑到单周和连续工作方式，以一条分支转换到初始步，另一分支转换到M0.1步。需要说明的是，在画分支的有向连线时一定要画在原转换之下，即要标在M1.1（SM0.1+I1.4+I2.0）的转换和I0.0与M1.1的转换之下，这是绘制顺序功能图时要注意的。

（5）回原点程序。在回原点程序的顺序功能图（如图4-1-37所示）与梯形图（如图4-1-38所示）中，在回原点工作方式下，I2.0状态为1。按下启动按钮I0.0时，机械手可能处于任意位置，根据机械手所处的位置及夹紧装置的状态，可分以下几种情况讨论。

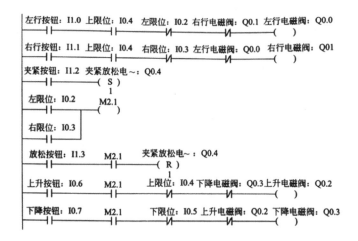

图 4 - 1 - 36 机械手控制系统手动程序

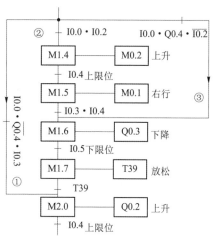

图 4 - 1 - 37 回原点程序的顺序功能图

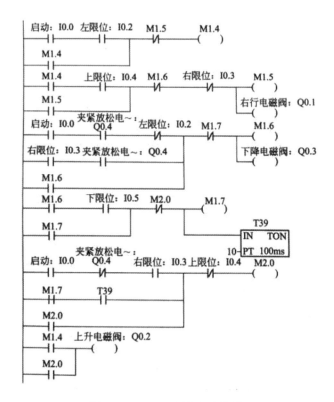

图 4 - 1 - 38 回原点程序的梯形图

①夹紧装置放松且机械手在最右端：夹紧装置处于放松且在最右端，所以直接上升返回原点位置即可。对应的程序为，按下启动按钮 I0.0，条件 I0.0、Q0.4 不满足，I0.3 满足，M2.0 步接通。

②机械手在最左端：机械手在最左端，夹紧装置可能处于放松状态，也可能处于夹紧状

态。若处于夹紧状态，按下启动按钮 I0.0，条件 I0.0、I0.2 满足，因此依次执行 M1.4 ~ M2.0 步程序，直至返回原点；若处于放松状态，按下启动按钮 I0.0，只执行 M1.4 ~ M1.5 步程序，下降步 M1.6 以后不会执行，原因在于下降步 M1.6 的激活条件 I0.3、Q0.4 不满足，并且当机械手碰到右限位 I0.3 时，M1.5 步停止。

4. 机械手控制系统调试

（1）编程软件：编程软件采用 STEP7 Micro/WIN V4.0。

（2）系统调试：将各个输入/输出端子、实际控制系统的按钮、所需控制设备正确连接，完成硬件的安装并检查无误后，可以将事先编写的梯形图程序传送到 PLC 中进行调试。

调试中，按照机械手运动的顺序要求，检查功能是否能实现。如不能实现，找出是程序的原因，还是硬件接线的原因。经过反复试验，最终调试出正确的结果。机械手控制系统调试记录如表 4-1-21 所示，可根据调试结果填写。

表 4-1-21　机械手控制系统调试记录

输入量	输入现象	输出量	输出现象
启动按钮		左行电磁阀	
停止按钮		右行电磁阀	
左限位		上升电磁阀	
右限位		下降电磁阀	
上限位		夹紧/放松电磁阀	
下限位			
上升按钮			
下降按钮			
左行按钮			
右行按钮			
夹紧按钮			
放松按钮			
手动			
单步			
单周			
连续			
回原点			

5. 过程记录

结合任务实施过程，将实施过程中的主要内容与遇到的问题点记录在表格中，以便在实施过程中作出调整与分析总结提升。

工作步骤	主要工作内容	完成情况	问题记录

 任务检查

任务完成后，按表 4 – 1 – 23 所示的考核内容与评分标准，对任务进行相关项目的检查评分，作为完成项目情况的重要依据，建议成绩占比本任务的 60%。

表 4 – 1 – 23　任务项目检查表

序号	考核内容	考核要求	评分标准	配分	得分
1	电路设计	1. 根据给定的控制要求，列出 PLC 控制 I/O 口（输入/输出）元件地址分配表； 2. 绘制 PLC 控制 I/O 口（输入/输出）接线图； 3. 设计梯形图	1. 输入输出地址遗漏或搞错，每处扣 3 分； 2. 梯形图表达不正确或画法不规范，每处扣 3 分； 3. 接线图表达不正确或画法不规范，每处扣 3 分； 4. 指令有错，每条扣 5 分	20	
2	安装与接线	按 PLC 控制 I/O 口（输入/输出）接线图在模拟配线板正确安装，元件在配线板上布置要合理，安装要准确紧固，配线导线要紧固、美观	1. 元件布置不整齐、不合理，每只扣 3 分； 2. 元件安装不牢固、安装元件时漏装固定螺丝，每只扣 3 分； 3. 损坏元件扣 5 分； 4. 布线不美观，每根扣 2 分； 5. 接点松动、露铜过长、反圈、压绝缘层，标记线号不清楚、遗漏或误标，每处扣 2 分； 6. 损伤导线绝缘或线心，每根扣 2 分； 7. 未按 PLC 控制 I/O（输入/输出）接线图接线，每处扣 4 分	30	
3	程序输入、调试及结果答辩	1. 熟练操作 PLC 编程软件，能正确地将所编写的程序下载至 PLC； 2. 按照被控设备的动作要求进行模拟调试，达到设计要求； 3. 程序运行结果正确、表述清楚，答辩正确	1. 不能熟练使用编程软件，扣 5 分； 2. 不会熟练进行模拟调试，扣 10 分； 3. 1 次试车不成功扣 10 分，2 次试车不成功扣 20 分； 4. 对运行结果表述不清楚者扣 10 分	30	

续表

序号	考核内容	考核要求	评分标准	配分	得分
4	工具、仪表使用	1. 熟练掌握电工常用工具的使用方法和技巧； 2. 熟练使用万用表等仪器表	1. 工具使用不当扣5分； 2. 工具使用不熟练扣3分； 3. 仪表使用不正确每次扣5分； 4. 仪表使用不熟练扣3分	10	
5	安全文明生产	1. 遵守安全生产法规； 2. 遵守实训室使用规定	违反安全生产法规或实训室使用规定每项扣3分	10	
备注			合计	100	
老师签字			年　　月　　日		

 总结评价

"友情提醒"：对于自我评价、小组评价等，应体现出公平、公正、公开的原则。

评价结论以"很满意、比较满意、还要加把劲"等这种性质评语为好，因为它能更有效地帮助和促进学生的发展。小组成员互评，在你认为合适的地方打勾。

组长评价、教师评价均以自我评价为依据，考核采用 A（80～100 分）、B（60～79 分）、C（0～59 分）等级，组长与教师的评价总分各占本任务的 20%。**本任务合计总分为_____。**

项目	评价内容	自我评价		
		很满意	比较满意	还要加把劲
职业素养考核项目	安全意识、责任意识强；工作严谨、敏捷			
	学习态度主动；积极参加教学安排的活动			
	团队合作意识强；注重沟通、互相协作			
	劳动保护穿戴整齐；干净、整洁			
	仪容仪表符合活动要求；朴实、大方			
专业能力考核项目	按时按要求独立完成任务；质量高			
	相关专业知识查找准确及时；知识掌握扎实			
	技能操作符合规范要求；操作熟练、灵巧			
	注重工作效率与工作质量；操作成功率高			
小组评价意见		综合等级	组长签名：	
老师评价意见		综合等级	老师签名：	

拓展训练 智能分拣工作站控制系统应用

任务目标

1. 了解智能分拣工作站的控制功能与流程；
2. 熟练掌握气动基本原理与气缸、电磁阀的基本应用；
3. 能够理解与分析电气控制原理图；
4. 能够完成智能分拣工作站控制电路的安装与变频器的基本参数设置。

任务分析

降压气动控制　　降压气动控制
指令实施　　　　指令实施2

本任务是在前一个机械手控制系统任务完成的基础上，实现的一个小型自动化系统中较为综合的典型应用。要完成此任务，需要对控制功能与需求进一步分析，注重电路、气路的结合，同时要有变频器对三相异步电动机进行调速。

首先明确控制功能：按启动按钮后，装置进行复位过程，当装置复位到位后，由 PLC 启动送料电动机驱动放料盘旋转，使物料由放料盘滑到物料检测位置，物料检测光电传感器检测物料；如果送料电动机运行若干秒后，物料检测光电传感器仍未检测到物料，则说明送料机构已经无物料或故障，这时要停机并报警；当物料检测光电传感器检测到有物料时，物料检测光电位感器给 PLC 发出信号，由 PLC 驱动机械手臂伸出手爪下降抓物，然后手爪提升臂缩回，手臂向右旋转到右限位，然后手臂伸出，手爪下降，将物料放到传送带上，落料口的物料检测光电传感器检测到物料后启动传送带输送物料，同时机械手按原来位置返回，进行下一个流程；传感器则根据物料的材料特性、颜色等特性进行辨别，分别由 PLC 控制相应电磁阀使气缸动作，对物料进行分拣。

其次需要了解相关的控制对象：送料机构、机械手搬运机构，以及物料传送和分拣机构。

（1）送料机构如图 4 – 2 – 1 所示。

放料盘：放料盘中共放有金属物料、白色非金属物料、黑色非金属物料 3 种物料。

送料电动机：送料电动机采用 24 V 直流减速电动机，转速为 6 r/min，用于驱动放料盘旋转。

物料检测光电传感器：物料检测光电传感器为光电漫反射型传感器，主要为 PLC 提供一个输入信号；如果运行中，物料检测光电传感器没有检测到物料，则保持若干秒后让系统停机并报警。

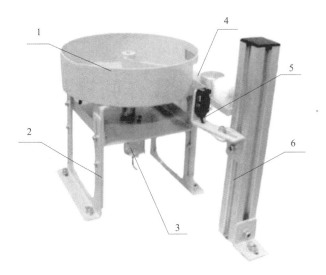

图 4 - 2 - 1　送料机构

1—放料盘；2—调节支架；3—送料电动机；4—物料；

5—出料口传感器；6—物料检测支架

（2）机械手搬运机构如图 4 - 2 - 2 所示。

整个搬运机构能完成四个自由度动作，分别为手臂伸缩、手臂旋转、手爪上下、手爪松紧。

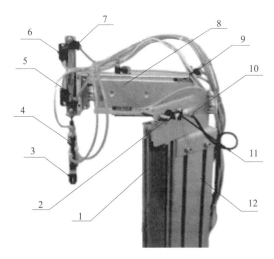

图 4 - 2 - 2　机械手搬运机构

1—摆动气缸；2—非标螺丝；3—气动手爪；4—手爪磁性开关 Y59BLS；5—手爪提升气缸；

6—磁性开关 D - C73；7—节流阀；8—伸缩气缸；9—磁性开关 D - Z73；

10—磁性限位传感器；11—缓冲阀；12—安装支架

手爪提升气缸：手爪提升气缸采用双向电控气阀控制。

磁性限位传感器：用于气缸的位置检测，检测气缸伸出和缩回是否到位，为此在前点和后点上各一个，当检测到气缸准确到位后将给 PLC 发出一个信号（在应用过程中棕色线接 PLC 主机输入端，蓝色线接输入的公共端）。

气动手爪：气动手爪抓取和松开物料的过程由双向电控气阀控制，手爪夹紧磁性传感器有信号输出，指示灯亮，在控制过程中不允许两个线圈同时得电。

摆动气缸：机械手臂的正反转，由双向电控气阀控制。

接近传感器：机械手臂正转和反转到位后，接近传感器信号输出（在应用过程中棕色线接直流 24 V 电源" + "，蓝色线接直流 24 V 电源" − "，黑色线接 PLC 主机的输入端）。

伸缩气缸：机械手臂伸出、缩回，由双向电控气阀控制。气缸上装有两个磁性限位传感器，检测气缸伸出或缩回位置。

缓冲阀：旋转气缸高速正转和反转时，起缓冲减速作用。

（3）物料传送和分拣机构如图 4 – 2 – 3 所示。

电感式传感器：检测金属材料，检测距离为 3 ~ 5 mm。

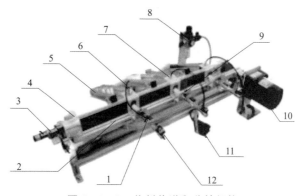

图 4 – 2 – 3　物料传递和分拣机构

1—磁性开关 D – C73；2—传送分拣机构；3—落料口传感器；4—落料口；5—料槽；

6—电感式传感器；7—光纤传感器；8—过滤调压阀；9—节流阀；

10—三相异步电动机；11—光纤放大器；12—推料气缸落料口

传感器（检测是否有物料到传送带上，并给 PLC 一个输入信号）

光纤传感器：用于检测不同颜色的物料，可通过调节光纤放大器来区分不同颜色的灵敏度。

 任务咨询

1. 智能分拣工作站气动原理

智能分拣工作站的电气控制原理如图 4 – 2 – 4 所示。

（1）装置气动主要分为两部分：

①气动执行元件部分有双作用单出杆气缸、双作用单出双杆气缸、旋转气缸、气动手爪。

②气动控制元件部分有单控电磁换向阀、双控电磁换向阀、节流阀、磁性限位传感器。

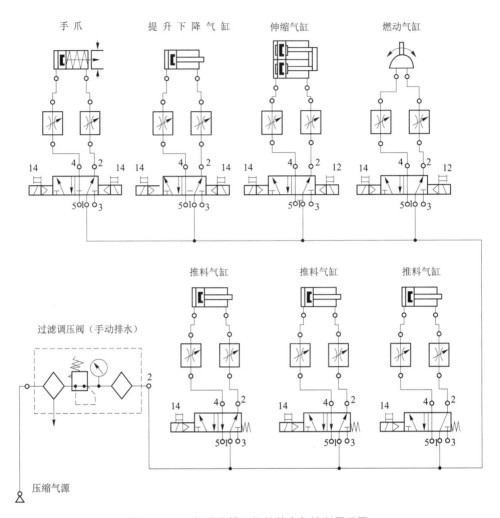

图4－2－4　智能分拣工作站的电气控制原理图

（2）气缸电控阀使用。气缸的正确运动使物料分到相应的位置，只要交换进、出气的方向就能改变气缸的伸出（缩回）运动，气缸两侧的磁性限位传感器可以识别气缸是否已经运动到位。双向电控阀用来控制气缸进气和出气，从而实现气缸的伸出、缩回运动。双向电控阀内装的红色指示灯有正负极性，如果极性接反了也能正常工作，但指示灯不会亮。单向电控阀用来控制气缸单个方向的运动，实现气缸的伸出、缩回运动，其与双向电控阀的区别在于：双向电控阀初始位置是任意的，可以随意控制两个位置，而单向控阀初始位置是固定的，只能控制一个方向。当气动手爪由单向电控气阀控制时，电控气阀得电，气动手爪夹紧；电控气阀断电，气动手爪张开。当气动手爪由双向电控气阀控制时，气动手爪抓紧和松开分别由一个线圈控制，在控制过程中不允许两个线圈同时得电。气缸示意图如图4－2－5所示，双向电磁阀示意图如图4－2－6所示，单向电磁阀示意图如图4－2－7所示，气动手爪控制示意图如图4－2－8所示。

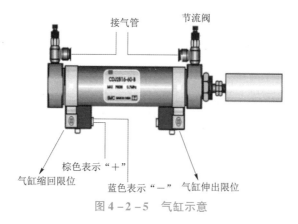

图 4 - 2 - 5　气缸示意

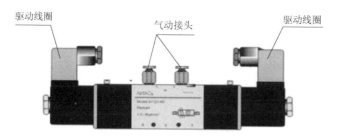

图 4 - 2 - 6　双向电磁阀示意

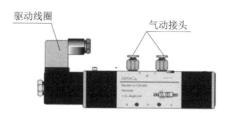

图 4 - 2 - 7　单向电磁阀示意

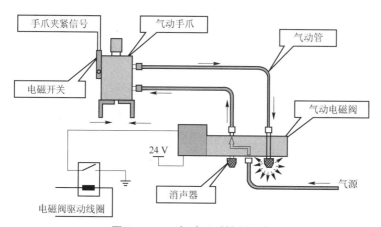

图 4 - 2 - 8　气动手爪控制示意

2. 传感器应用

1）常用传感器的使用

电感式接近传感器由振荡器、检波器、放大器、触发及输出电路等组成。振荡器在传感器检测面产生一个交变电磁场，当金属物料接近传感器检测面时，金属中产生的涡流吸收了振荡器的能量，使震荡减弱以致停滞。振荡器的震荡及停振这两种状态转换为电信号，通过整形放大器转换成二进制的开关信号，经功率放大器放大后输出。

光电传感器是一种红外调制型无损检测光电传感器，采用高效红外发光二极管或光敏三极管作为光电转换元件，工作方式有同轴反射和对射型两种。在本实训装置中均采用同轴反射型光电传感器，它们具有体积小、使用简单、性能稳定、寿命长、响应速度快、抗冲击，耐振动，不受外界干扰等优点。

2）磁性开关（磁性限位传感器）的使用

磁性开关是用来检测气缸活塞位置的，即检测活塞的运动行程，它可分为有触点式和无触点式两种。本实训装置中用的磁性开关均为有触点式的，它通过机械触点的动作进行开关的通（ON）和断（OFF）操作。用磁性开关来检测活塞的位置，从设计、加工、安装、调试等方面，都比使用其他限位开关方式简单、省时。磁性开关的特点有：触点接触电阻小，一般为 $50 \sim 200$ mΩ，但可通过电流小，过载能力较差，只适合低压电路；响应快，动作时间为 1.2 ms；耐冲击，冲击加速度可达 300 m/s^2，无漏电流存在。

3）磁性开关的使用注意事项

磁性开关的使用注意事项为：

（1）安装时，不得让开关受到过大的冲击力，如将开关打入、抛扔等。

（2）不要把控制信号线与电力线（如电动机供电线等）平行并排在一起，以防止磁性开关的控制电路由于干扰造成误动作。

（3）磁性开关的连接线不能直接接到电源上，必须串接负载，且负载绝不能短路，以免开关烧坏。

（4）带指示灯的有触点磁性开关，当电流超过最大允许电流时，发光二极管会损坏；若电流在规定范围以下，发光二极管会变暗或不亮。

（5）安装时，开关的导线不要随气缸运动，这不仅会使导线易断，而且应力加在开关内部，可能会使内部元件遭到破坏。

（6）磁性开关不要用于有磁场的场合，这会造成开关的误动作或者使内部磁环减磁。

（7）DC 24 V 带指示灯的磁性开关是有极性的，茶色线为"+"，蓝色线为"-"。本实训装置中所用到的均为 DC 24 V 带指示灯的磁性开关。

 任务实施

1. 智能分拣工作站电路组成

智能分拣工作站的电路如图 4-2-9 所示。

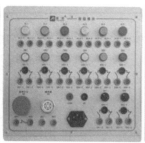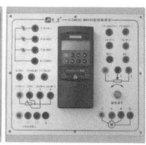

图 4 - 2 - 9　智能分拣工作站的电路组成

智能分拣工作站的电路主要由电源模块、按钮模块、可编程控制器（PLC）模块、变频器模块、三相异步电动机、接线端子排等组成。所有的电气元件均连接到接线端子排上，通过接线端子排连接安全插孔，由安全插孔连接到各个模块，以提高系统装置的安全性。各个模块均为通用模块，可以互换，扩展性较强。

电源模块：三相电源总开关（带漏电和短路保护）、熔断器、单相电源插座用于模块电源连接和给外围设备提供电源，模块之间的电源连接采用安全导线。

按钮模块：提供了多种不同功能的按钮、指示灯（DC 24 V）、急停按钮、转换开关、蜂鸣器。所有接口采用安全插孔连接。内置开关电源（24 V/6 A 一组，12 V/2 A 一组）为外围设备工作提供电源。

PLC 模块：主机采用西门子 S7 - 200 系列 PLC 的 CPU226 CN + EM222 CN（I/O 扩展模块），所有接口采用安全插孔连接。

变频器模块：变频器采用西门子 MM420（三相输入），所有接口采用安全插孔连接。

警示灯：共有绿色和红色两种颜色，引出线五根，其中并在一起的两根粗线是电源线（红线接"+24"，黑红双色线接"GND"），其余三根是信号控制线（棕色线为控制信号公共端，如果将控制信号线中的红色线和棕色线接通，则红灯闪烁；若将控制信号线中的绿色线和棕色线接通，则绿灯闪烁）。

2. 端子接线

智能分拣工作站的端子接线如图 4 - 2 - 10 所示。

3. 控制原理

智能分拣工作站的 PLC 控制原理如图 4 - 2 - 11 所示。

4. I/O 点地址分配

智能分拣工作站的 PLC 控制 I/O 点地址分配如表 4 - 2 - 1 所示。

5. 变频器基本调试

利用基本操作面板（BOP）可以更改变频器的各个参数。BOP 具有五位数字的七段显示，用于显示参数的序号和数值、报警和故障信息，以及该参数的设定值和实际值。BOP 不能存储参数的信息。

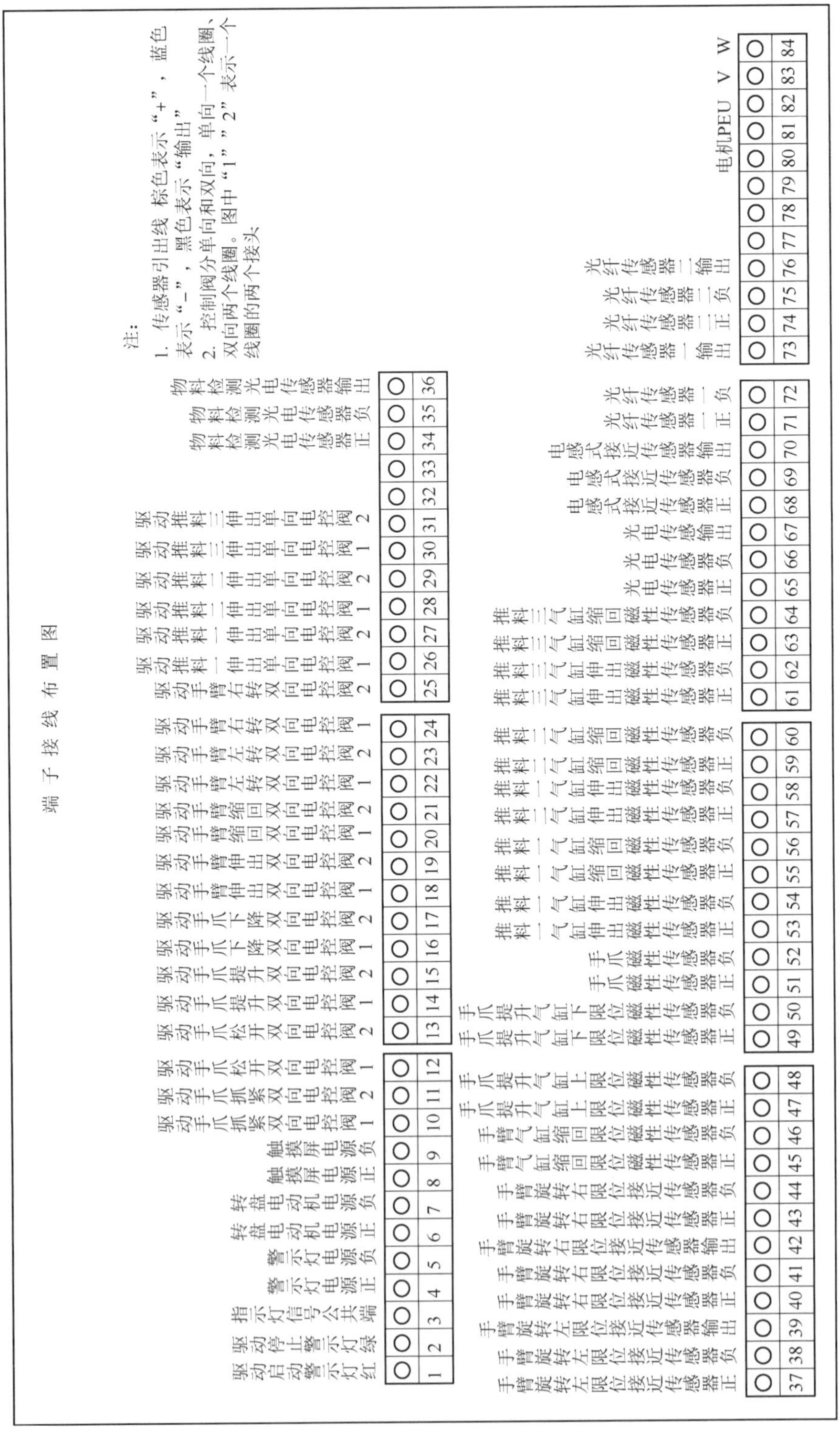

端子接线布置图

注：

1. 传感器引出线 棕色表示"+"，蓝色表示"-"，黑色表示"输出"。
2. 控制阀分单向和双向，单向"1""2"表示两个接头。图中双向两个线圈，单向一个线圈。表示一个线圈的两个接头。

端子接线（上部）

端子号	名称
1	驱动启动指示灯红
2	驱动停止信号警示灯红
3	指示灯警示灯绿
4	警示灯警示灯绿
5	转盘电动机电源正
6	转盘电动机电源负
7	触摸屏电源正
8	触摸屏电源负
9	公共端
10	驱动手爪抓紧双向电控阀1
11	驱动手爪抓紧双向电控阀2
12	驱动手爪松开双向电控阀1
13	驱动手爪松开双向电控阀2
14	驱动手爪提升双向电控阀1
15	驱动手爪提升双向电控阀2
16	驱动手爪下降双向电控阀1
17	驱动手爪下降双向电控阀2
18	驱动手臂伸出双向电控阀1
19	驱动手臂伸出双向电控阀2
20	驱动手臂缩回双向电控阀1
21	驱动手臂缩回双向电控阀2
22	驱动手臂左转双向电控阀1
23	驱动手臂左转双向电控阀2
24	驱动手臂右转双向电控阀1
25	驱动手臂右转双向电控阀2
26	驱动推料一伸出单向电控阀1
27	驱动推料一伸出单向电控阀2
28	驱动推料二伸出单向电控阀1
29	驱动推料二伸出单向电控阀2
30	驱动推料三伸出单向电控阀1
31	驱动推料三伸出单向电控阀2
32	驱动推料三伸出单向电控阀
33	物料检测光电传感器输出
34	物料检测光电传感器正
35	物料检测光电传感器负
36	物料检测光电传感器输出

端子接线（下部）

端子号	名称
37	手臂旋转左限位接近传感器正
38	手臂旋转左限位接近传感器负
39	手臂旋转左限位接近传感器输出
40	手臂旋转右限位接近传感器正
41	手臂旋转右限位接近传感器负
42	手臂旋转右限位接近传感器输出
43	手臂旋转右限位接近传感器正
44	手臂旋转右限位接近传感器负
45	手臂气缸缩回右限位接近传感器正
46	手臂气缸缩回右限位接近传感器负
47	手爪提升气缸上限位磁性传感器正
48	手爪提升气缸上限位磁性传感器负
49	手爪提升气缸下限位磁性传感器正
50	手爪提升气缸下限位磁性传感器负
51	手爪提升气缸磁性传感器正
52	手爪提升气缸磁性传感器负
53	推料一气缸伸出磁性传感器正
54	推料一气缸伸出磁性传感器负
55	推料一气缸伸出磁性传感器正
56	推料一气缸缩回磁性传感器正
57	推料一气缸缩回磁性传感器负
58	推料二气缸伸出磁性传感器正
59	推料二气缸伸出磁性传感器负
60	推料二气缸伸出磁性传感器正
61	推料三气缸缩回磁性传感器正
62	推料三气缸缩回磁性传感器负
63	推料三气缸伸出磁性传感器正
64	推料三气缸伸出磁性传感器负
65	光电传感器正
66	光电传感器负
67	光电传感器输出
68	电感式接近传感器正
69	电感式接近传感器负
70	电感式接近传感器输出
71	光纤传感器二正
72	光纤传感器二负
73	光纤传感器一输出
74	光纤传感器一负
75	光纤传感器二输出
76	光纤传感器二负

电机IPEU

端子号	名称
79 80	U
81 82	V
83 84	W

图4-2-10 智能分拣工作站端子接线

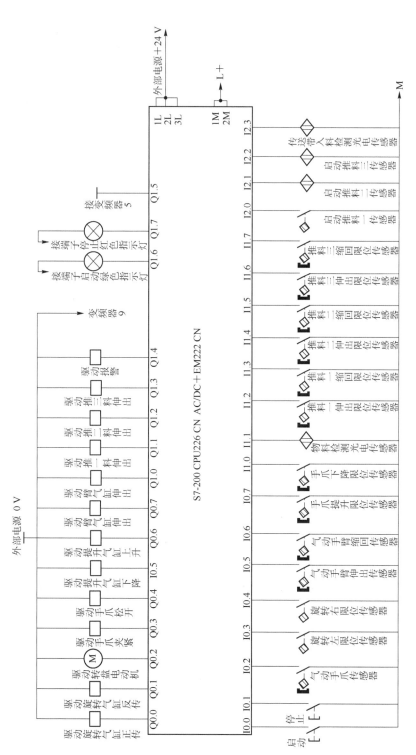

图 4－2－11 智能分拣工作站的 PLC 控制原理

表 4 - 2 - 1　智能分拣工作站的 PLC 控制 I/O 点地址分配

输入地址			输出地址		
序号	地址	备注	序号	地址	备注
1	I0.0	启动	1	Q0.0	驱动手臂正转
2	I0.1	停止	2	Q0.1	驱动手臂反转
3	I0.2	气动手爪传感器	3	Q0.2	驱动转盘电动机
4	I0.3	旋转左限位传感器	4	Q0.3	驱动手爪抓紧
5	I0.4	旋转右限位传感器	5	Q0.4	驱动手爪松开
6	I0.5	气动手臂伸出传感器	6	Q0.5	驱动提升气缸下降
7	I0.6	气动手臂缩回传感器	7	Q0.6	驱动提升气缸上升
8	I0.7	手爪提升限位传感器	8	Q0.7	驱动臂气缸伸出
9	I1.0	手爪下降限位传感器	9	Q1.0	驱动臂气缸缩回
10	I1.1	物料检测传感器	10	Q1.1	驱动推料一伸出
11	I1.2	推料一伸出限位传感器	11	Q1.2	驱动推料二伸出
12	I1.3	推料一缩回限位传感器	12	Q1.3	驱动推料三伸出
13	I1.4	推料二伸出限位传感器	13	Q1.4	驱动报警
14	I1.5	推料二缩回限位传感器	14	Q1.5	驱动变频器
15	I1.6	推料三伸出限位传感器	15	Q1.6	运行指示
16	I1.7	推料三缩回限位传感器	16	Q1.7	停止指示
17	I2.0	启动推料一传感器			
18	I2.1	启动推料二传感器			
19	I2.2	启动推料三传感器			
20	I2.3	启动传送带			

　　提示：在默认设置时，用 BOP 控制电动机的功能是被禁止的。如果要用 BOP 进行控制，参数 P0700 应设置为 1，参数 P1000 也应设置为 1。变频器加上电源时，也可以把 BOP 装到变频器上，或从变频器上将 BOP 拆卸下来。如果 BOP 已经设置为 I/O 控制（P0700 = 1），在拆卸 BOP 时，变频器驱动装置将自动停车。

　　BOP 操作时的默认设置值如表 4 - 2 - 2 所示。

表 4 - 2 - 2　BOP 操作时的默认设置值

参数	说明	缺省值（欧洲/北美）
P0100	运行方式（欧洲北美）	50 Hz，kW（60 Hz）
P0307	功率电动机额定值	量纲（kW）取决于 P0100 的设定值（数值决定于变量）
P0310	电动机的额定频率	50 Hz（60 Hz）
P0311	电动机的额定速度	1 395（1 680）r/min（决定于变量）
P1082	最大电动机频率	50 Hz（60 Hz）

基本操作面板（BOP）上的按钮如表4-2-3所示。

表4-2-3 基本操作面板上的按钮

显示/按钮	功能	功能的说明
r0000	状态显示	LCD显示变频器当前的设定值
I	启动电动机	按此键启动变频器。默认值运行时此键是被封锁的。为了使此键的操作有效，应设定P0700=1
O	停止电动机	OFF1：按此键，变频器将按选定的斜坡下降速率减速停车。默认值运行时此键被封锁；为了允许此键操作，应设定P0700=1； OFF2：按此键两次（或一次，但时间较长）电动机将在惯性作用下自由停车；此功能总是"使能"的
⟳	改变电动机的转动方向	按此键可以改变电动机的转动方向。电动机的反向用负号（-）表示或用闪烁的小数点表示。默认值运行时此键是被封锁的，为了使此键的操作有效，应设定P0700=1
jog	电动机点动	在变频器无输出的情况下按此键，将使电动机启动，并按预设定的点动频率运行。释放此键时，变频器停车。如果变频器电动机正在运行，按此键将不起作用
Fn	功能	此键用于浏览辅助信息。 变频器运行过程中，在显示任何一个参数时按下此键并保持不动2 s，将显示以下参数值： （1）直流回路电压（用d表示"-"单位为V）； （2）输出电流（A）； （3）输出频率（Hz）； （4）输出电压（用o表示"-"单位为V）； （5）由P0005选定的数值（如果P0005选择显示上述参数中的任何一个，这里将不再显示）。 连续多次按下此键，将轮流显示以上参数。 跳转功能：在显示任何一个参数（r××××或P×××）时短时间按下此键，将立即跳转到r0000，如果需要的话，可以接着修改其他的参数。跳转到r0000后，按此键将返回原来的显示点。 退出：在出现故障或报警的情况下，按Fn键可以将操作板上显示的故障或报警信息复位
P	访问参数	按此键即可访问参数
▲	增加数值	按此键即可增加面板上显示的参数数值
▼	减少数值	按此键即可减少面板上显示的参数数值

用基本操作面板（BOP）更改参数的数值：这里以更改参数P0004（参数过滤功能）数值、P0719（命令/频率设定值的选择）的步骤为例，说明如何修改下标参数的数值，如图4-2-12所示。按照图4-2-12中说明的类似方法，可以用BOP更改任何一个参数。

本任务中变频器的参数设置如表4-2-4所示。

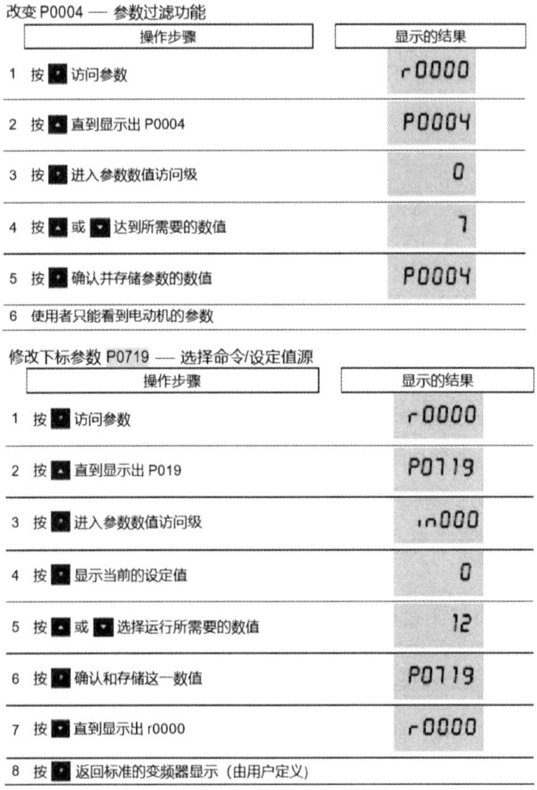

改变 P0004 —— 参数过滤功能

操作步骤	显示的结果
1 按 ■ 访问参数	r0000
2 按 ■ 直到显示出 P0004	P0004
3 按 ■ 进入参数数值访问级	0
4 按 ▲ 或 ▼ 达到所需要的数值	7
5 按 ■ 确认并存储参数的数值	P0004
6 使用者只能看到电动机的参数	

修改下标参数 P0719 —— 选择命令/设定值源

操作步骤	显示的结果
1 按 ■ 访问参数	r0000
2 按 ■ 直到显示出 P019	P0719
3 按 ■ 进入参数数值访问级	in000
4 按 ■ 显示当前的设定值	0
5 按 ▲ 或 ▼ 选择运行所需要的数值	12
6 按 ■ 确认和存储这一数值	P0719
7 按 ■ 直到显示出 r0000	r0000
8 按 ■ 返回标准的变频器显示（由用户定义）	

图 4 – 2 – 12 用 BOP 更改参数的数值

表 4 – 2 – 4 变频器的参数设置

序号	参数代号	设置值	说明
1	P0010	30	调出出厂设置参数
2	P0970	1	恢复出厂值
3	P0003	3	参数访问级
4	P0004	0	参数过滤器
5	P0010	1	快速调试
6	P0100	0	工频选择
7	P0304	380	电动机的额
8	P0305	0.17	电动机的额定电流
9	P0307	0.03	电动机的额定功率
10	P0310	50	电动机的额定频率
11	P0311	1 500	电动机的额定速度
12	P0700	2	选择命令源
13	P1000	1	选择频率设定值
14	P1080	0	电动机最小频率

序号	参数代号	设置值	说明
15	P1082	50.00	电动机最大频率
16	P1120	2	斜坡上升时间
17	P1121	2	斜坡下降时间
18	P3900	1	结束快速调试
19	P0003	3	检查 P0003 是否是 "3"
20	P1040	10	频率设置

 任务评价

任务完成后，由老师按表 4 - 2 - 5 进行总结评价。

表 4 - 2 - 5　任务评价表

序号	考核内容	考核要求	评分标准	配分	得分
1	电路设计	1. 根据给定的控制要求，列出 PLC 控制 I/O（输入/输出）点地址分配表； 2. 绘制 PLC 控制 I/O 口（输入/输出）接线图； 3. 设计梯形图	1. 输入/输出地址遗漏或弄错，每处扣 3 分； 2. 梯形图表达不正确或画法不规范，每处扣 3 分； 3. 接线图表达不正确或画法不规范，每处扣 3 分； 4. 指令有错，每条扣 5 分	20	
2	安装与接线	按 PLC 控制 I/O 口（输入/输出）接线图在模拟配线板正确安装，元件在配线板上布置要合理，安装要准确、紧固，布线要紧固、美观	1. 元件布置不整齐、不合理，每处扣 3 分； 2. 元件安装不牢固、安装元件时漏装固定螺丝，每处扣 3 分； 3. 损坏元件，扣 5 分； 4. 布线不美观，每处扣 2 分； 5. 接点松动、露铜过长、反圈、压绝缘层，标记线号不清楚、遗漏或误标，每处扣 2 分； 6. 损伤导线绝缘或线芯，每处扣 2 分； 7. 未按 PLC 控制 I/O（输入/输出）接线图接线，每处扣 4 分	30	
3	程序输入、调试及结果答辩	1. 熟练操作 PLC 编程软件，能正确地将所编写的程序下载至 PLC； 2. 按照被控设备的动作要求进行模拟调试，达到设计要求； 3. 程序运行结果正确、表述清楚、答辩正确	1. 不能熟练使用编程软件，扣 5 分； 2. 不会熟练进行模拟调试，扣 10 分； 3. 1 次试车不成功扣 10 分，2 次试车不成功扣 20 分； 4. 对运行结果表述不清楚，扣 10 分	30	

序号	考核内容	考核要求	评分标准	配分	得分
4	工具、仪表使用	1. 熟练掌握电工常用工具的使用方法和技巧； 2. 熟练使用万用表等仪器仪表	1. 工具使用不当，扣5分； 2. 工具使用不熟练，扣3分； 3. 仪表使用不正确，每次扣5分； 4. 仪表使用不熟练，扣3分	10	
5	安全文明生产	1. 遵守安全生产法规； 2. 遵守实训室使用规定	违反安全生产法规或实训室使用规定，每项扣3分	10	
备注			合计	100	
老师签字			年　　月　　日		

新知识新技术　基于 S7 – 1200PLC 的工业机器人 Modbus TCP 通信

附录一　西门子 S7 – 200 系列 PLC 指令表

指令名称	指令格式（语句表）	功能
取	LD bit	读入逻辑行或电路块的第一个常开接点
取反	LDN bit	读入逻辑行或电路块的第一个常闭接点
与	A bit	串联一个常开接点
与非	AN bit	串联一个常闭接点
或	O bit	并联一个常开接点
或非	ON bit	并联一个常闭接点
电路块与	ALD	串联一个电路块
电路块或	OLD	并联一个电路块
输出	= bit	输出逻辑行的运算结果
置位	S bit，N	使继电器置位（接通）
复位	R bit，N	使继电器复位（断开）
加法指令	+ I IN1，OUT	两个16位带符号整数相加，得到一个16位带符号整数； 执行结果：IN1 + OUT = OUT（在 LAD 和 FBD 中为：IN1 + IN2 = OUT）
	+ D IN1，IN2	两个32位带符号整数相加，得到一个32位带符号整数； 执行结果：IN1 + OUT = OUT（在 LAD 和 FBD 中为：IN1 + IN2 = OUT）
	+ R IN1，OUT	两个32位实数相加，得到一个32位实数； 执行结果：IN1 + OUT = OUT（在 LAD 和 FBD 中为：IN1 + IN2 = OUT）
减法指令	– I IN1，OUT	两个16位带符号整数相减，得到一个16位带符号整数； 执行结果：OUT – IN1 = OUT（在 LAD 和 FBD 中为：IN1 – IN2 = OUT）
	– D IN1，OUT	两个32位带符号整数相减，得到一个32位带符号整数； 执行结果：OUT – IN1 = OUT（在 LAD 和 FBD 中为：IN1 – IN2 = OUT）
	– R IN1，OUT	两个32位实数相减，得到一个32位实数； 执行结果：OUT – IN1 = OUT（在 LAD 和 FBD 中为：IN1 – IN2 = OUT）

续表

指令名称	指令格式（语句表）	功能
乘法指令	*I IN1，OUT	两个16位符号整数相乘，得到一个16位整数；执行结果：IN1 * OUT = OUT（在 LAD 和 FBD 中为：IN1 * IN2 = OUT）
	MUL IN1，OUT	两个16位带符号整数相乘，得到一个32位带符号整数；执行结果：IN1 * OUT = OUT（在 LAD 和 FBD 中为：IN1 * IN2 = OUT）
	*D IN1，OUT	两个32位带符号整数相乘，得到一个32位带符号整数；执行结果：IN1 * OUT = OUT（在 LAD 和 FBD 中为：IN1 * IN2 = OUT）
	*R IN1，OUT	两个32位实数相乘，得到一个32位实数；执行结果：IN1 * OUT = OUT（在 LAD 和 FBD 中为：IN1 * IN2 = OUT）
除法指令	/I IN1，OUT	两个16位带符号整数相除，得到一个16位带符号整数商，不保留余数；执行结果：OUT/IN1 = OUT（在 LAD 和 FBD 中为：IN1/IN2 = OUT）
	DIV IN1，OUT	两个16位带符号整数相除，得到一个32位结果，其中低16位为商、高16位为结果；执行结果：OUT/IN1 = OUT（在 LAD 和 FBD 中为：IN1/IN2 = OUT）
	/D IN1，OUT	两个32位带符号整数相除，得到一个32位整数商，不保留余数；执行结果：OUT/IN1 = OUT（在 LAD 和 FBD 中为：IN1/IN2 = OUT）
	/R IN1，OUT	两个32位实数相除，得到一个32位实数商；执行结果：OUT/IN1 = OUT（在 LAD 和 FBD 中为：IN1/IN2 = OUT）
数学函数指令	SQRT IN，OUT	把一个32位实数（IN）开平方，得到32位实数结果（OUT）
	LN IN，OUT	对一个32位实数（IN）取自然对数，得到32位实数结果（OUT）
	EXP IN，OUT	对一个32位实数（IN）取以 e 为底数的指数，得到32位实数结果（OUT）
	SIN IN，OUT	分别对一个32位实数弧度值（IN）取正弦、余弦、正切，得到32位实数结果（OUT）
	COS IN，OUT	
	TAN IN，OUT	

续表

指令名称	指令格式（语句表）	功能
增减指令	INCB OUT	将字节无符号输入数加1； 执行结果：OUT + 1 = OUT（在 LAD 和 FBD 中为：IN + 1 = OUT）
	DECB OUT	将字节无符号输入数减1； 执行结果：OUT − 1 = OUT（在 LAD 和 FBD 中为：IN − 1 = OUT）
	INCW OUT	将字（16 位）有符号输入数加1； 执行结果：OUT + 1 = OUT（在 LAD 和 FBD 中为：IN + 1 = OUT）
	DECW OUT	将字（16 位）有符号输入数减1； 执行结果：OUT − 1 = OUT（在 LAD 和 FBD 中为：IN − 1 = OUT）
	INCD OUT	将双字（32 位）有符号输入数加1； 执行结果：OUT + 1 = OUT（在 LAD 和 FBD 中为：IN + 1 = OUT）
	DECD OUT	将字（32 位）有符号输入数减1； 执行结果：OUT − 1 = OUT（在 LAD 和 FBD 中为：IN − 1 = OUT）
字节逻辑运算指令	ANDB IN1，OUT	将字节 IN1 和 OUT 按位做逻辑与运算，OUT 输出结果
	ORB IN1，OUT	将字节 IN1 和 OUT 按位做逻辑或运算，OUT 输出结果
	XORB IN1，OUT	将字节 IN1 和 OUT 按位做逻辑异或运算，OUT 输出结果
	INVB OUT	将字节 OUT 按位取反，OUT 输出结果
字逻辑运算指令	ANDW IN1，OUT	将字 IN1 和 OUT 按位做逻辑与运算，OUT 输出结果
	ORW IN1，OUT	将字 IN1 和 OUT 按位做逻辑或运算，OUT 输出结果
	XORW IN1，OUT	将字 IN1 和 OUT 按位做逻辑异或运算，OUT 输出结果
	INVW OUT	将字 OUT 按位取反，OUT 输出结果
双字逻辑运算指令	ANDD IN1，OUT	将双字 IN1 和 OUT 按位做逻辑与运算，OUT 输出结果
	ORD IN1，OUT	将双字 IN1 和 OUT 按位做逻辑或运算，OUT 输出结果
	XORD IN1，OUT	将双字 IN1 和 OUT 按位做逻辑异或运算，OUT 输出结果
	INVD OUT	将双字 OUT 按位取反，OUT 输出结果
单一传送指令	MOVB IN，OUT	将 IN 的内容拷贝到 OUT 中。IN 和 OUT 的数据类型应相同，可分别为字、字节、双字、实数
	MOVW IN，OUT	
	MOVD IN，OUT	
	MOVR IN，OUT	
	BIR IN，OUT	立即读取输入 IN 的值，将结果输出到 OUT
	BIW IN，OUT	立即将 IN 单元的值写到 OUT 所指的物理输出区

续表

指令名称	指令格式（语句表）	功能
块传送指令	BMB IN，OUT，N	将从 IN 开始的连续 N 个字节数据拷贝到从 OUT 开始的数据块。N 的有效范围是 1～255
	BMW IN，OUT，N	将从 IN 开始的连续 N 个字数据拷贝到从 OUT 开始的数据块。N 的有效范围是 1～255
	BMD IN，OUT，N	将从 IN 开始的连续 N 个双字数据拷贝到从 OUT 开始的数据块。N 的有效范围是 1～255
字节移位指令	SRB OUT，N	将字节 OUT 右移 N 位，最左边的位依次用 0 填充
	SLB OUT，N	将字节 OUT 左移 N 位，最右边的位依次用 0 填充
	RRB OUT，N	将字节 OUT 循环右移 N 位，从最右边移出的位送到 OUT 的最左位
	RLB OUT，N	将字节 OUT 循环左移 N 位，从最左边移出的位送到 OUT 的最右位
字移位指令	SRW OUT，N	将字 OUT 右移 N 位，最左边的位依次用 0 填充
	SLW OUT，N	将字 OUT 左移 N 位，最右边的位依次用 0 填充
	RRW OUT，N	将字 OUT 循环右移 N 位，从最右边移出的位送到 OUT 的最左位
	RLW OUT，N	将字 OUT 循环左移 N 位，从最左边移出的位送到 OUT 的最右位
双字移位指令	SRD OUT，N	将双字 OUT 右移 N 位，最左边的位依次用 0 填充
	SLD OUT，N	将双字 OUT 左移 N 位，最右边的位依次用 0 填充
	RRD OUT，N	将双字 OUT 循环右移 N 位，从最右边移出的位送到 OUT 的最左位
	RLD OUT，N	将双字 OUT 循环左移 N 位，从最左边移出的位送到 OUT 的最右位
位移位寄存器指令	SHRB DATA，S_BIT，N	将 DATA 的值（位型）移入移位寄存器；S_BIT 指定移位寄存器的最低位，N 指定移位寄存器的长度（正向移位 = N，反向移位 = − N）
表存数指令	ATT DATA，TABLE	将一个字型数据 DATA 添加到表 TABLE 的末尾。EC 值加 1
表取数指令	FIFO TABLE，DATA	将表 TABLE 的第一个字型数据删除，并将它送到 DATA 指定的单元。表中其余的数据项都向前移动一个位置，同时实际填表数 EC 值减 1
	LIFO TABLE，DATA	将表 TABLE 的最后一个字型数据删除，并将它送到 DATA 指定的单元。剩余数据位置保持不变，同时实际填表数 EC 值减 1

续表

指令名称	指令格式（语句表）	功能
表查找指令	FND = TBL, PTN, INDEX	搜索表 TBL，从 INDEX 指定的数据项开始，用给定值 PTN 检索出符合条件（=、< >、<、>）的数据项
	FND < > TBL, PTN, INDEX	如果找到一个符合条件的数据项，则 INDEX 指明该数据项在表中的位置。如果一个也找不到，则 INDEX 的值等于数据表的长度。为了搜索下一个符合的值，在再次使用该指令之前，必须先将 INDEX 加 1
	FND < TBL, PTN, INDEX	
	FND > TBL, PTN, INDEX	
数据类型转换指令	BTI IN, OUT	将字节输入数据 IN 转换成整数类型，结果送到 OUT，无符号扩展
	ITB IN, OUT	将整数输入数据 IN 转换成一个字节，结果送到 OUT。输入数据超出字节范围（0~255）则产生溢出
	DTI IN, OUT	将双整数输入数据 IN 转换成整数，结果送到 OUT
	ITD IN, OUT	将整数输入数据 IN 转换成双整数（符号进行扩展），结果送到 OUT
	ROUND IN, OUT	将实数输入数据 IN 转换成双整数，小数部分四舍五入，结果送到 OUT
	TRUNC IN, OUT	将实数输入数据 IN 转换成双整数，小数部分直接舍去，结果送到 OUT
	DTR IN, OUT	将双整数输入数据 IN 转换成实数，结果送到 OUT
	BCDI OUT	将 BCD 码输入数据 IN 转换成整数，结果送到 OUT。IN 的范围为 0~9999
	IBCD OUT	将整数输入数据 IN 转换成 BCD 码，结果送到 OUT。IN 的范围为 0~9999
编码译码指令	ENCO IN, OUT	将字节输入数据 IN 的最低有效位（值为"1"的位）的位号输出到 OUT 指定的字节单元的低 4 位
	DECO IN, OUT	根据字节输入数据 IN 的低 4 位所表示的位号将 OUT 所指定的字单元的相应位置"1"，其他位置"0"
段码指令	SEG IN, OUT	根据字节输入数据 IN 的低 4 位有效数字产生相应的七段码，结果输出到 OUT，OUT 的最高位恒为 0
字符串转换指令	ATH IN, OUT, LEN	把从 IN 开始的长度为 LEN 的 ASC Ⅱ 码字符串转换成 16 进制数，并存放在以 OUT 为首地址的存储区中。合法的 ASC Ⅱ 码字符的 16 进制值在 30H~39H、41H~46H 之间，字符串的最大长度为 255 个字符
中断指令	ATCH INT, EVNT	把一个中断事件（EVNT）和一个中断程序联系起来，并允许该中断事件
	DTCH EVNT	截断一个中断事件和所有中断程序的联系，并禁止该中断事件

指令名称	指令格式（语句表）	功能
中断指令	ENI	全局地允许所有被连接的中断事件
	DISI	全局地关闭所有被连接的中断事件
	CRETI	根据逻辑操作的条件从中断程序中返回
	RETI	位于中断程序结束，是必选部分，程序编译时软件自动在程序结尾加入该指令
通信指令	NETR TBL，PORT	初始化通信操作，通过指令端口（PORT）从远程设备上接收数据并形成表（TBL）。可以从远程站点读最多16个字节的信息
	NETW TBL，PORT	初始化通信操作，通过指定端口（PORT）向远程设备写表（TBL）中的数据，可以向远程站点写最多16个字节的信息
	XMT TBL，PORT	用于自由端口模式。指定激活发送数据缓冲区（TBL）中的数据，数据缓冲区的第一个数据指明了要发送的字节数，PORT指定用于发送的端口
	RCV TBL，PORT	激活初始化或结束接收信息的服务。通过指定端口（PORT）接收的信息存储于数据缓冲区（TBL），数据缓冲区的第一个数据指明了接收的字节数
	GPA ADDR，PORT	读取PORT指定的CPU口的站地址，将数值放入ADDR指定的地址中
	SPA ADDR，PORT	将CPU口的站地址（PORT）设置为ADDR指定的数值
时钟指令	TODR T	读当前时间和日期并把它装入一个8字节的缓冲区（起始地址为T）
	TODW T	将包含当前时间和日期的一个8字节的缓冲区（起始地址是T）装入时钟
PID回路指令	PID TBL，LOOP	运用回路表中的输入和组态信息，进行PID运算。要执行该指令，逻辑堆栈顶（TOS）必须为"ON"状态。TBL指定回路表的起始地址，LOOP指定控制回路号。回路表包含9个用来控制和监视PID运算的参数：过程变量当前值（PV_n）、过程变量前值（PV_{n-1}）、给定值（SP_n）、输出值（M_n）、增益（Kc）、采样时间（Ts）、积分时间（Ti）、微分时间（Td）和积分项前值（MX）。为使PID计算是以所要求的采样时间进行，应在定时中断执行中断服务程序或在由定时器控制的主程序中完成，其中定时时间必须填入回路表中，以作为PID指令的一个输入参数

指令名称	指令格式（语句表）	功能
高速计数器指令	HDEF HSC，MODE	为指定的高速计数器分配一种工作模式。每个高速计数器使用之前必须使用 HDEF 指令，且只能使用一次
	HSC N	根据高速计数器特殊存储器位的状态，按照 HDEF 指令指定的工作模式，设置和控制高速计数器。N 指定了高速计数器号
高速脉冲输出指令	PLS Q	检测用户程序设置的特殊存储器位，激活由控制位定义的脉冲操作，从 Q0.0 或 Q0.1 输出高速脉冲。可用于激活高速脉冲串输出（PTO）或宽度可调脉冲输出（PWM）

附录二　S7－200 的常用特殊存储器

特殊标志位存储器提供大量的 PLC 运行状态和控制功能，用作 CPU 和用户程序之间交换信息，可以按照位、字节、字或双字来存取使用。常用特殊存储器用途如下。

1. SMB0 字节（系统状态位）

SM0.0：运行监视。当 PLC 处于运行状态时，SM0.0 始终为"1"状态。可以利用其触点驱动输出继电器，在外部显示程序是否处于运行状态。

SM0.1：初始化脉冲。在 PLC 首次扫描程序时，SM0.1 线圈接通一个扫描周期，因此 SM0.1 的触点常用于调用初始化程序等。

SM0.2：当 RAM 中的数据丢失时，接通（ON）一个扫描周期，用于出错处理。

SM0.3：开机进入 RUN 方式时，接通（ON）一个扫描周期，可用在启动操作之前，给设备提前预热。

SM0.4：占空比为 50%，周期为 1 min 的时钟脉冲（30 s 低电平，30 s 高电平）。

SM0.5：占空比为 50%，周期为 1 s 的时钟脉冲（0.5 s 低电平，0.5 s 高电平）。

SM0.6：扫描时钟，本次扫描闭合，下次扫描断开，循环交替。

SM0.7：CPU 工作方式开关位置指示，开关放置在 RUN 位置时为"1"，在 TERM 位置时为"0"。

2. SMB1 字节（系统状态位）

SM1.0：零标志位。在执行某项命令，其运算结果为"0"时，该位置"1"。

SM1.1：溢出标志位。在执行某项命令，其结果溢出或出现非法数据时，该位置"1"。

SM1.2：负数标志位。当执行数学运算时，其结果为负数时，该位置"1"。

SM1.3：除 0 标志位。当除数为 0，且该位置"1"。

SM1.4：当执行 ATT 指令，且超出表范围时，该位置"1"。

SM1.5：当执行 LIFO 或 FIFO，从空表中读数时，该位置"1"。

SM1.6：当把一个非 BCD 数转换为二进制数时，该位置"1"。

SM1.7：当 ASCII 码不能转换成有效的十六进制数时，该位置"1"。

3. SMB2 字节（自由口接收字符）

SMB2：自由口端通信方式下，从 PLC 的 O 端口或 I 端口接收到的每一字符。

4. SMB3 字节（自由口奇偶校验）

SM3.0：O 端口或 I 端口的奇偶校验出错时，该位置"1"。

5. SMB4 字节（队列溢出）

SM4.0：当通信中断队列溢出时，该位置"1"。

SM4.1：当输入中断队列溢出时，该位置"1"。

SM4.2：当定时中断队列溢出时，该位置"1"。

SM4.3：在运行时刻发现问题时，该位置"1"。

SM4.4：当全局中断允许时，该位置"1"。

SM4.5：当（O端口）发送空闲时，该位置"1"。

SM4.6：当（I端口）发送空闲时，该位置"1"。

SM4.7：当发生强行置位时，该位置"1"。

6. SMB5 字节（I/O 状态）

SM5.0：有 I/O 错误时，该位置"1"。

SM5.1：当 I/O 总线上接了过多的数字量 I/O 点时，该位置"1"。

SM5.2：当 I/O 总线上接了过多的模拟量 I/O 点时，该位置"1"。

SM5.7：当 DP 标准总线出现错误时，该位置 1。

7. SMB6 字节（CPU 模块识别寄存器）

SM6.7 ~ 6.4 组成的 4 位二进制数代表不同的 CPU 型号，如 SM6.7 ~ 6.4 = 0110 为 CPU221。

8. SMB8 ~ SMB21 字节（I/O 模块识别和错误寄存器）

I/O 模块识别和错误寄存器按字节对形式（相邻两个字节）存储扩展模块 0 ~ 6 的模块类型、I/O 类型、I/O 点数和测得的各模块 I/O 错误。

9. SMW22 ~ SMW26 字节（记录系统扫描时间）

SMW22：上次扫描时间。

SMW24：进入 RUN 方式后，所记录的最短扫描时间。

SMW26：进入 RUN 方式后，所记录的最长扫描时间。

10. SMB28 和 SMB29 字节（存储 CPU 模块自带的模拟电位器对应的数字量）

SMB28：存储器模拟电位器 0 的输入值。

SMB29：存储器模拟电位器 1 的输入值。

11. SMB30 和 SMB130 字节（自由端口控制寄存器）

SMB30：自由端口 0 的通信方式控制字节。

SMB130：自由端口 1 的通信方式控制字节。

12. SMW31 和 SMW32 字节（EEPROM 写控制）

SMB31：存放 EEPROM 命令字。

SMW32：存放 EEPROM 中数据的地址。

13. SMB34 字节和 SMB35 字节（定时中断时间间隔寄存器）

SMB34：定义定时中断 0 的时间间隔（5 ~ 255 ms，以 1 ms 为增量）。

SMB35：定义定时中断 1 的时间间隔（5 ~ 255 ms，以 1 ms 为增量）。

14. SMB36 ~ SMB65 字节（HSCO、HSC1 和 HSC2 寄存器）

SMB36 ~ SMB65：用于监视和控制高速计数 HSCO、HSC1 和 HSC2 的操作。

15. SMB66 ~ SMB85 字节（PTO/PWM 寄存器）

SMB66 ~ SMB85：用于监视和控制脉冲输出（PTO）和脉宽调制（PWM）功能。

16. SMB86 ~ SMB94 字节（端口 0 接收信息控制）

SMB86 ~ SMB94：用于控制和读出接收信息指令的状态。

17. SMB98 和 SMB99（扩展总线错误计数器）

SMB98 和 SMB99：当扩展总线出现校验情误时加 1，系统得电或用户写入 0 时清零，SMB98 是最高有效字节。

18. SMB131 ~ SMB165（高速计数器寄存器）

SMB131 ~ SMB165：用于监视和控制高速计数器 HSC3 ~ HSC5 的操作（读/写）。

参 考 文 献

[1] 韩相争. 西门子 S7 – 200PLC 编程与系统设计精讲 [M]. 北京：化学工业出版社，2017.

[2] 祝福，陈贵银. 西门子 S7 – 200 系列 PLC 应用技术（第 2 版）[M]. 北京：电子工业出版社，2015.

[3] 张伟林. PLC 应用技术（西门子）[M]. 北京：中国人力资源和社会保障出版集团，2014.

[4] 蔡行健. 深入浅出西门子 S7 – 200PLC [M]. 北京：北京航空航天大学出版社，2003.

[5] 韩战涛. 西门子 S7 – 200 PLC 功能指令应用详解 [M]. 北京：电子工业出版社，2014.

[6] 向晓汉. 西门子 S7 – 200PLC 完全精通教程 [M]. 北京：化学工业出版社，2012.